W0053505

Katja Porsch | Peter Brandl

Der Zukunfts-Code

Katja Porsch | Peter Brandl

Der Zukunfts-Code

Wie Digitalisierung und künstliche Intelligenz
unsere Arbeitswelt verändern und wie wir
darauf reagieren können

GOLDEGG VERLAG

Bildrechte Autorenfoto Peter Brandl: © Max Kratzer
Bildrechte Autorenfoto Katja Porsch: © Jochen Wieland
Gestaltung: Elke Spitzbart (www.sunshinedesign.at)
Fotorechte Umschlagbild: © by-studio, fotolia

Alle Rechte, insbesondere das Recht der Vervielfältigung und Verbreitung so-
wie der Übersetzung, vorbehalten. Kein Teil des Werks darf in irgendeiner Form
(durch Fotokopie, Mikrofilm oder ein anderes Verfahren) ohne schriftliche Ge-
nehmigung des Verlags reproduziert werden oder unter Verwendung elektro-
nischer Systeme gespeichert, verarbeitet, vervielfältigt oder verbreitet werden.

Die Autoren und der Verlag haben dieses Werk mit höchster Sorgfalt erstellt.
Dennoch ist eine Haftung des Verlags oder der Autoren ausgeschlossen. Die im
Buch wiedergegebenen Aussagen spiegeln die Meinung der Autoren wider und
müssen nicht zwingend mit den Ansichten des Verlags übereinstimmen.

Der Verlag und seine Autoren sind für Reaktionen, Hinweise oder Meinungen
dankbar. Bitte wenden Sie sich diesbezüglich an verlag@goldegg-verlag.com.

Der Goldegg Verlag achtet bei seinen Büchern und Magazinen auf nachhaltiges
Produzieren. Goldegg Bücher sind umweltfreundlich produziert und orientieren
sich in Materialien, Herstellungsorten, Arbeitsbedingungen und Produktions-
formen an den Bedürfnissen von Gesellschaft und Umwelt.

ISBN: 978-3-99060-078-8
ISBN E-Book: 978-3-99060-079-5

© 2018 Goldegg Verlag GmbH
Friedrichstraße 191 • D-10117 Berlin
Telefon: +49 800 505 43 76-0

Goldegg Verlag GmbH, Österreich
Mommsengasse 4/2 • A-1040 Wien
Telefon: +43 1 505 43 76-0

E-Mail: office@goldegg-verlag.com
www.goldegg-verlag.com

Layout, Satz und Herstellung: Goldegg Verlag GmbH, Wien
Druck und Bindung: FINIDR, CZ

Inhaltsverzeichnis

Vorwort

Watson, Alexa, Pepper, Sophia … wenn wir unseren Müttern diese Namen nennen, schauen sie uns mit großen Augen an und fragen, ob das neue Freunde von uns sind. Unsere Mütter sind über siebzig, haben miterlebt, wie die gute alte Schreibmaschine lebendig begraben und das Faxgerät in die Ecke gestellt wurden und wie Telefonzellen nostalgische Relikte in einigen Dörfern geworden sind. Da ist der Sprung zu künstlicher Intelligenz und Maschinen, die uns ersetzen sollen, verdammt weit. Aber das geht nicht nur unseren Müttern so. Wenn wir heute die Teilnehmer und Teilnehmerinnen unserer Vorträge fragen, ob sie wissen, wovon wir reden, ist die Reaktion oft nicht anders. Und das ist nicht nur erschreckend, es ist vor allem gefährlich.

Noch gefährlicher wird es, wenn wir weiterfragen, wer sich vorstellen kann, dass künstliche Intelligenz auch ihn betrifft. Auch seinen Job gefährdet. Vielleicht ahnen Sie, was kommt: *Natürlich betrifft uns das nicht. Ja, irgendwann mal, aber doch nicht so schnell. Und schon gar nicht meinen Beruf. Ich bin Anwalt. Ich habe studiert. Ich bin doch nicht ersetzbar.* Pustekuchen. Wir sind ersetzbar. Wenn wir uns heute in Sicherheit wiegen und denken, die Zukunft 4.0 betrifft uns nicht, wäre das genauso irre, wie in vollem Bewusstsein auf die Bahngleise zu springen und zu hoffen, dass kein Zug kommt. Der Zug kommt, genauso wie die Zukunft 4.0. Sie kommt nicht nur, Sie ist bereits da! Das Dumme ist nur, dass immer noch ein Großteil von uns auf die Gleise springt und hofft, nicht überfahren zu werden. Wir erkennen die Gefahr nicht. Und das ist einer der Gründe, warum Sie jetzt dieses Buch in Ihren Händen halten.

Wir möchten Sie mit diesem Buch davon abhalten, sehenden Auges in Ihr Unglück zu springen. Wir möchten Sie mitnehmen in die Zukunft 4.0. Nicht in eine irreale Cyberwelt, sondern in das reale Hier und Heute. Wir möchten Sie dafür sensibilisieren, was es heute schon alles gibt, was es in Zukunft geben wird und was das alles für Sie bedeutet.

Vor allem möchten wir Ihnen dabei helfen, sich auszurüsten, Ihnen mit den Schlüsseln des *Zukunfts-Codes* ein Werkzeug an die Hand geben, das Sie sicher durch diese kommende Zeit führt. Auch wenn es nicht immer angenehm sein wird, was Sie lesen – aber eine Kröte wird nicht besser, wenn man ein besticktes Kissen drauflegt, oder? Also lassen Sie uns zusammen den Tatsachen ins Auge blicken und unser Schicksal selbst in die Hand nehmen, ehe es uns von Robotern aus der Hand genommen wird.

Katja Porsch & Peter Brandl

Intro

Wir werden in Zukunft nicht an der Technik scheitern. Wir werden auch nicht an Robotern scheitern. Wenn wir scheitern, dann an uns selbst. Davon sind wir, die Autoren, zu 100 Prozent überzeugt.

Disruption, Digitalisierung, Robotics, Internet der Dinge, all das sind Schlagworte, die im Moment omnipräsent sind. Bei nicht wenigen macht sich die Zukunftsangst breit. Aber ist diese Angst berechtigt?

Ja, es wird sich sehr viel verändern. Viel von der Art, wie wir heute arbeiten und leben wird sich verändern. Maschinen, Roboter und künstliche Intelligenz werden in allen Lebensbereichen eine immer stärkere Rolle übernehmen. Und sie werden viele unserer Jobs übernehmen. Diese Veränderungen haben schon begonnen. Denken Sie nur an Ihr Smartphone. Für die meisten von uns ist ein Leben ohne dieses Ding nicht mehr vorstellbar. Wir sind es gewohnt, permanent und überall auf Informationen zugreifen und unser Leben organisieren zu können. Aber auch in anderen Bereichen haben wir inzwischen dramatische Veränderungen erlebt – denken Sie nur einmal daran, wie Sie noch vor zehn Jahren Bücher gekauft haben und wie Sie das heute tun. Doch diese Veränderungen waren nur der Anfang. Braucht es uns dann noch oder werden wir über kurz oder lang von Maschinen verdrängt?

Das, worüber wir hier reden, wird nicht irgendwann passieren. Auf diese Veränderungen brauchen wir gar nicht lange zu warten, denn die Zukunft 4.0 ist schon da. Allerdings noch nicht in den Köpfen der meisten Menschen. Wir haben es nur einfach noch nicht mitgekriegt. Wir lesen über künstliche Intelligenz wie *Watson* und Co. Wir bekommen mit, dass vielleicht unsere Arbeitsplätze in Zukunft gefährdet sein werden und merken, dass sich alles immer mehr und schneller ändert. Aber wir haben keine Idee, was das konkret für uns bedeutet und wie wir damit umgehen sollen. Falls es Ihnen ähnlich geht, halten Sie genau das richtige Buch in den Händen.

Sie werden hier erfahren, in welcher veränderten Welt wir bereits heute schon leben, auch wenn wir davon oft vielleicht noch gar nichts mitbekommen haben. Sie werden erfahren, wie Sie sich wappnen können, um in dieser Welt und all dem, was noch kommt, erfolgreich zu bestehen. Und Sie werden erfahren, warum all diese Schreckensmeldungen über zig Millionen wegfallender Arbeitsplätze durch den Einsatz von Maschinen und künstlicher Intelligenz (KI) kein Grund sind, aus dem Fenster zu springen, ganz im Gegenteil.

Wir sind davon überzeugt: Je digitalisierter unsere Umwelt wird, umso wichtiger wird der Mensch als Schnittstelle zwischen Menschen und Maschinen. Wir werden also nicht ersetzt oder ausrangiert, wir werden gebraucht! Aber eben anders als in der Vergangenheit. Zählten früher noch Expertise, Berufsabschluss und Fachwissen, so kommt es in Zukunft vor allem auf unsere menschlichen Fähigkeiten an. Die Skills, die nicht digitalisierbar sind. Dummerweise wurden und werden uns die nie wirklich beigebracht. Nicht in der Schule, nicht in den Universitäten und auch nicht in unternehmensinternen Weiterbildungen. Wir entwickeln uns fachlich weiter, aber unsere Persönlichkeit haben wir dem Zufall überlassen. Während sich unser Gegenüber zur strategischen Kriegsführung bereit macht, stehen wir immer noch mit Pfeil und Bogen da und hoffen, den Kampf zu bestehen. Aber wir haben die falschen Waffen in der Hand. Und das möchten wir mit diesem Buch ändern. Wir möchten Sie fit machen für diese Zukunft 4.0, Ihnen mit unserem *Zukunfts-Code* Werkzeuge an die Hand geben, die Ihnen wirklich weiterhelfen. Nicht in der Theorie, nicht wissenschaftlich verkompliziert und mit tausend Fallstudien versehen, sondern für die Praxis.

Wir haben lange überlegt, wie wir das Buch aufbauen. Wir haben darüber nachgedacht, wie es Ihnen wohl am meisten Spaß machen könnte, zu lesen und vor allem, wie es Ihnen den meisten Nutzen bringt. Wir haben zwei Dinge gemacht. Zum einen haben wir das Buch so geschrieben, wie wir es unseren Kindern als Leitfaden für das Leben an die Hand geben würden. Zum anderen haben wir uns das zu Herzen genommen, was uns unsere Teilnehmerinnen und Teilnehmer immer wieder als Feedback gegeben haben. Dass es klasse ist, eine Botschaft, ein Werkzeug und manchmal sogar den gleichen Fakt von verschiedenen Seiten zu betrachten. Dass es eben nicht nur die rationale, analytische Kopf-Komponente braucht, sondern auch die emotionale, treibende Bauch-Komponente. Und genau so ist dieses Buch aufgebaut.

Im ersten Teil dieses Buch erfahren Sie von Katja, wie Sie mithilfe des *P.O.W.E.R.-Prinzips* motiviert in diese Zukunft starten. Denn ohne Motivation legen Sie nicht los und ohne Power halten Sie nicht durch.

Sie erfahren,

1. warum Ihr Fokus über Erfolg und Niederlage entscheidet und nicht die Maschinen, Roboter und Co,
2. wie wichtig Ihre Authentizität in Zukunft sein wird und warum Sie sich nie wieder verbiegen lassen sollten,
3. wie Sie sich in Zukunft nicht ausrangieren, indem Sie auf das richtige Pferd setzen und *warum* Ihre Talente eine Schlüsselfunktion haben,
4. wie Sie sich ans Steuer der Zukunft setzen und nicht als Passagier mitfahren,
5. wie Sie nachhaltige Beziehungen aufbauen und warum Beziehungstuning in Zukunft klassisches Know-how ersetzen wird.

Nach *P.O.W.E.R.* folgt *B.R.A.I.N.*. Mit der B.R.A.I.N.-Strategie gibt Ihnen Peter die zweiten fünf Schlüssel in die Hand. Sie erfahren,

6. warum Mut in Zukunft eine Grundvoraussetzung für Erfolg sein wird. Vor allem, wenn Sie eigentlich gar nicht mutig sind,

7. warum Sie die Verantwortung übernehmen sollten – auch und gerade, wenn Sie gar nichts dafürkönnen,

8. warum der Satz »Die Schnellen fressen die Langsamen« aktueller denn je ist und was Sie tun können, um agiler zu werden,

9. warum wir uns in Zukunft immer weiterentwickeln müssen, um nicht abgehängt zu werden,

10. warum es keine Entschuldigungen mehr gibt.

Digitalisierung und künstliche Intelligenz werden unser Leben verändern, das wissen wir. Die Arbeitswelt wird schon bald nicht mehr die sein, die wir gewohnt sind. Am Ende dieses Buches verfügen Sie mit dem »P.O.W.E.R. & B.R.A.I.N.«-Konzept über alle zehn Schlüssel des *Zukunfts-Codes*, um sich für nahezu jede Situation in der Zukunft zu wappnen. Wir halten uns dabei nicht mit wissenschaftlichen und theoretischen Abhandlungen auf. Die Zukunft ist nicht theoretisch. Und dieses Buch ist es auch nicht.

Sind Sie bereit? Dann reisen Sie mit uns in die Zukunft und rüsten Sie sich aus!

Das P.O.W.E.R.-Prinzip

Willkommen in der Zukunft

Bevor wir mit dem P.O.W.E.R.-Prinzip starten, möchte ich Sie einladen. Einladen auf eine gemeinsame Reise in die Zukunft.

Wie ist das? Glauben Sie, Sie sind schon angekommen in der Zukunft?

Klar leben wir mittlerweile in einer zivilisierten Welt. Wir schlagen uns nicht mehr gegenseitig mit einer Keule auf den Kopf, nur weil unser Gegenüber es gewagt hat, unsere Frau schief anzusehen. Wir gehen auch nicht mehr in den Wald, um uns unser Mittagessen zu jagen, sondern in den Supermarkt um die Ecke. Aber trotz aller Zivilisation, trotz aller Weiterentwicklungen, stehen wir doch erst am Anfang. Was kommt noch alles auf uns zu? Mag man aktuellen Prognosen glauben, eine ganze Menge. In einigen Bereichen werden die Veränderungen ein verheerendes Ausmaß erreichen, wie bei einem Tsunami, der angerollt kommt. Und das macht vielen von uns Angst.

Und das ist auch verständlich. Denn haben wir nicht schon heute genug damit zu tun, im Hier und Jetzt zu überleben? Brauchen wir dazu noch das Schreckgespenst Zukunft mit all seinen Begleiterscheinungen wie Digitalisierung, Robotern, künstlicher Intelligenz, Disruption usw.? Egal ob wir sie brauchen oder nicht, die Zukunft 4.0 ist bereits da und wir müssen mit ihr umgehen – und nicht in ihr untergehen. Die Frage ist nur: Wie?

Früher haben Kanonen und Bomben über Sieg oder Niederlage entschieden, heute entscheiden Informationen, Beziehungen, Know-how und die richtige Hard- und Software. Doch auch wenn es heute nicht mehr um das blanke Überleben geht, eine Niederlage tut nach wie vor weh. Jeder, der schon mal einen Auftrag an das Internet verloren hat, für den er die letzten Monate geschuftet hat, der einfach auf das berufliche Abstellgleis geschoben wurde, weil sein Job wegdigitalisiert oder wegrationalisiert wurde oder der sich jeden Tag abrackert, und trotzdem nicht den verdienten Lohn erntet, weiß, was ich meine. Wir sterben heute nicht mehr so schnell physisch, aber dafür gesellschaftlich.

Träume oder Schäume?

Eine Kundin fragte mich kürzlich, was ich ihrer Tochter raten würde. Sie hätte gerade Abi gemacht und wäre total verunsichert, was sie jetzt studieren sollte. Ich fragte nach: »Was kann sie denn besonders gut? Was ist Ihr Traum?« Darauf kam die Antwort: »Darum geht es doch nicht. Die Frage ist:»Was hat Zukunft?«»Das, was Ihre Tochter besonders gut kann und wovon sie träumt«, war dann meine Antwort. Und genau darum wird es in Zukunft gehen. Wir werden nur dann erfolgreich werden, wenn wir unserem Herzen, unserer Berufung und unseren Träumen folgen. Nur so werden wir unsere Talente auf die Straße bringen und nur so sind wir richtig ausgerüstet.

Denken Sie zurück an Ihre Kindheit, Jugend oder Ihr junges Erwachsenendasein! Gab es damals etwas, was Sie unbedingt erreichen wollten? Hatten Sie Träume, die Sie angetrieben haben? Vermutlich hatten wir alle den ein oder anderen Traum. Und idealerweise haben wir unsere Träume noch heute. Denn Träume sind unser Treibstoff durch die Zukunft.

Ich wollte immer erfolgreich sein in meinem Leben. Als ich jünger war, hatte ich noch keine richtige Idee, was das genau ist – dieses »erfolgreich«. Es war mehr ein Gefühl. Das Gefühl, anerkannt zu werden. Das Gefühl, dass andere mir auf die Schulter klopfen und sagen: »Toll, was du erreicht hast.« Und das Gefühl, immer Geld zu haben. Ich komme aus einem gutbürgerlichen Haushalt. Wir hatten zwei Autos, ein Reihenhaus und fuhren zweimal im Jahr in den Urlaub. Ich hatte ein eigenes Pferd und in meinem Kopf war der Traum einer großen Reiterkarriere. Also: Ich konnte beim besten Willen nicht klagen. Habe ich auch nicht. So lange, bis mir mein Traum von einer Reiterkarriere um die Ohren flog. Uns ging es zwar gut, aber nicht so gut, dass meine Eltern mir diesen Traum erfüllen hätten können. Denn eine große Reiterkarriere kostete Geld. Und zwar mehr, als wir hatten. Damit war er irgendwann weg, mein Traum. Ich war 15 Jahre und bekam zum ersten Mal zu spüren, wie das ist, wenn man etwas unbedingt haben möchte, aber es nicht geht. Das wollte ich nie wieder spüren. Denn das tat weh. Also nahm ich mir vor: Das passiert dir nicht mehr. Du wirst erfolgreich und verdienst so viel Geld, dass dir nie wieder jemand deine Träume nehmen kann. Das mag sich naiv anhören, und vielleicht denken Sie: »Na ja, wenn man jung ist, dann spinnt man halt.« Aber so naiv es wirkt, so sehr wird genau dieses »Spinnen« zukünftig Realität.

Meine Schulkarriere hat mir das zweite Mal einen Strich durch meine Träume gemacht. Ich machte ein gerade mal mittelmäßiges Abi und damit waren viele Studiengänge gestorben. Aus lauter Frust und dem Wunsch meiner Mutter folgend studierte ich Betriebswirtschaftslehre und brach nach drei Jahren ab. Ich hasste dieses Studium. Es kam mir so sinnlos vor. Und damit war ich eine mittelmäßige Schülerin, die ihr Studium abgebrochen hatte. Meine Träume von der erfolgreichen Karrierefrau rückten immer mehr in den Hintergrund. Ich hatte es verbockt. Dachte ich damals. Aber ich war noch lange nicht am Ende meines Loser-Daseins. Ich machte mich im Vertrieb selbstständig und ging zweimal pleite. Meine Träume? Gestorben! Mein Ego? Im Keller! Aber zum Glück nicht für immer. Für viele wäre mein Lebensweg sicherlich ein Desaster. Oder würden Sie diese Vita Ihren Kindern wünschen? Und für viele wäre das ein klassischer Fall für EDEKA: Ende der Karriere, gesellschaftlich komplett gescheitert. Das war es aber nicht für mich. Anstatt mich endgültig aufzugeben, kam der Tag, an dem ich entschieden habe: Nicht mit mir! Ich gebe nicht auf. Ich lasse mir meine Träume nicht nehmen. Und anstatt mich meinem Schicksal zu ergeben, habe ich mich da wieder rausgekämpft. Ich habe so lange gekämpft, bis ich wieder da war – zurück in der Gesellschaft und zurück im Leben. Und das ist das Tolle an unserer heutigen Zeit und der Zukunft: Egal wie die Vorzeichen stehen, wir können unserem Leben jederzeit eine neue Richtung geben. Ein Schulversager ist noch lange kein Lebensversager mehr. Der Trottel in der Ausbildung kann morgen erfolgreicher Manager werden. Der arme Schlucker um die Ecke, der von allen als Spinner gehandelt wird, ist plötzlich Bestseller-Autor. Unser Leben ist kein durch die Geburt, Ausbildung oder unseren Wohnort vorgeschriebener Weg. Dank Globalisierung, Digitalisierung und Technisierung ist unser Leben das, was wir daraus machen. Heute und in Zukunft noch viel mehr. Denn es wird leichter, wenn man weiß wie. Und genau dieses »Wie«, Ihren persönlichen *Zukunft-Code*, bekommen Sie jetzt Step-by-Step an die Hand.

Tot stellen ist keine Lösung

Kluge Ratschläge zu geben, wenn man selbst nicht in der Situation des anderen ist, ist immer einfach, oder? Und an Erfolg zu glauben, solange alles läuft, ist es auch. Aber was, wenn uns mal wieder alles um die Ohren fliegt? Was, wenn unsere Ehe plötzlich zerbricht, die wir seit einigen Jahren zu retten versuchen? Was, wenn wir jahrelang auf unsere Beförderung hingearbeitet haben und nun, kurz davor, entlassen werden? Dann daran zu glauben, dass wir unseres Glückes eigener Schmied sind und unserem Leben jederzeit eine neue Richtung geben können, ist schon echt herausfordernd, oder?

Doch es ist machbar!

Aber anstatt zu schauen, wie sie sich für das Leben rüsten können, machen viele genau das Gegenteil: Sie stecken den Kopf in den Sand und hoffen, dass es nicht noch schlimmer wird. Im Idealfall sogar besser, wenn sie irgendwann wieder auftauchen. Sie wollen einfach nicht wahrhaben, dass ihnen ihre Erfahrung zukünftig nicht mehr helfen wird, sie bauen nach wie vor darauf. Sie wollen einfach nicht wahrhaben, dass es zukünftig nicht mehr interessiert, wie viel Know-how sie haben, sondern viel mehr darauf, was sie außer Know-how noch zu bieten haben. Es gibt zig Beispiele für diese Kopf-in-Sand-steck-Mentalität. So menschlich solch ein Verdrängungsverhalten auch ist, es bringt uns nicht weiter. Und einfacher machen wir es uns damit garantiert nicht, weder heute noch in Zukunft. Das wäre das Gleiche, als würden Sie auf einem Schlachtfeld die Augen schließen und hoffen, dass die anderen Sie nicht sehen. Blödsinnige Idee, oder? Getroffen werden Sie trotzdem.

Dieses Sich-tot-Stellen erlebe ich auch immer wieder in meinen Seminaren. Viele Teilnehmer sind unzufrieden mit ihrem Job, machen mehr oder weniger Dienst nach Vorschrift und das, was sie antreibt, sind nicht ihre Träume, nicht ihre Talente oder das, was ihnen Spaß macht. Es ist ihr Gehalt.

Und damit stellen sie nicht die Ausnahme, sondern den gesellschaftlichen Querschnitt dar. Laut aktuellen Studien ist mehr als die Hälfte aller Menschen nicht glücklich mit dem, was sie tut. Nur acht Prozent arbeiten in ihrem Traumjob. Das ist doch traurig. Vor allem, weil es sich ändern ließe. Frage ich nach, warum sie nichts ändern, wenn doch alles so furchtbar sei, kommen Aussagen wie: »Man muss doch heute froh sein, wenn man was hat«, »Wer weiß, was dann kommt«, »In der heutigen Zeit einen sicheren Job kündigen?« usw. Vermutlich haben Sie solche Aussagen selbst schon gehört. Oder vielleicht sogar gesagt!? Viele Menschen stecken lieber den Kopf in den Sand und verbringen ihr Leben in Totenstarre, anstatt anzugreifen und sich das zu holen, was sie eigentlich haben wollen. Lieber Burn-out und Altersarmut, anstatt Risiko und sich bewegen. Anstatt die Verantwortung zu übernehmen, kapitulieren sie. Sie probieren, sich zu schützen und erreichen genau das Gegenteil. Getreu des alten Spruches: »Das Mäntele ist eng, aber es wärmt« vegetieren sie lieber in Richtung Rente dahin, anstatt ihre Zukunft aktiv zu gestalten. Eine Devise, nach der viele leben. Das Blöde ist nur: Das Mäntelchen schrumpft. Und irgendwann ist es vielleicht so eng, dass es uns die Luft zum Atmen abschnürt.

Dinge zu ignorieren, sich ihnen nicht zu stellen und sich vor Angst zu verkriechen war noch nie ein guter Plan. In Zukunft ist es nicht nur kein guter Plan, in Zukunft ist das ein K.o.-Kriterium.

Gewinner oder Loser?

Wie schaffen wir es jetzt, uns so auf die Zukunft vorzubereiten, dass wir sie nicht nur mühsam überleben, sondern lustvoll erleben?

Genau damit fangen wir jetzt an. Sie werden erfahren, welchen Veränderungen Sie sich stellen müssen, aber auch, wie Sie sich erfolgreich für diese Veränderungen rüsten können.

Das Wichtigste vorweg: Sie werden sich von vielen lieb gewordenen Gewohnheiten und Erfahrungen trennen müssen. Aber Trennung bedeutet auch, dass Platz für Neues geschaffen wird. Starres Festhalten bedeutet andersherum, dass Neues keine Chance hat.

Und selbst wenn das Festhalten an Bewährtem in der Vergangenheit dazu führte, den Status quo zu erhalten, so gilt das heute nicht mehr.

Nehmen wir die Bildung. Meinen wir wirklich, dass wir mit dem heutigen Schulsystem unsere Kinder auf das Leben in Zukunft vorbereiten? Dass Mathe, Geschichte und Co die Kompetenzen sein werden, die wir brauchen, um zukünftig erfolgreich zu sein? Klar sind ein fundiertes (Grund-)Wissen und eine gute Allgemeinbildung wichtig. Aber glauben wir wirklich, dass stupides Auswendiglernen und »Thinking inside the box« die Schlüssel sind, die uns Türen öffnen werden? Mitnichten. Alles, was digitalisierbar ist, wird früher oder später digitalisiert, und Wissen ist digitalisierbar. Mit klassischem Wissen allein öffnen wir keine Türen. Wir machen sie zu.

Der klassische Bildungsweg, der jahrelang als Voraussetzung für eine gute Stellung in der Gesellschaft propagiert wurde, funktioniert nicht mehr. Da können wir an unserer Abi-Note und unserem Studium festhalten, wie wir wollen – wenn wir Pech haben, sitzen wir trotzdem auf der Straße oder zumindest nicht da, wo wir hinwollten. Diese Erfahrung machen schon heute zahllose BWL-Absolventen, die sich mit Bachelor- oder Master-Abschluss in mäßig bezahlten Assistenzjobs wiederfinden. Relativ schnell kommt dann natürlich die Frage: Wofür habe ich mich eigentlich all die Jahre abgerackert?

Wir benötigen andere Skills und Kompetenzen, um uns zukünftig behaupten zu können. Aber wir halten trotzdem an veraltetem Murks fest. Warum?

Mit *Watson* und Co bekommen wir einen völlig neuen Wettbewerb. Unsere fachlichen Kompetenzen, unser Expertenstatus und unser Know-how, also all das, was uns früher ausgezeichnet hat, zeichnet plötzlich auch Maschinen aus. Die Zeiten ändern sich so schnell wie niemals zuvor. Was heute noch trendy ist, ist morgen out. Wenn wir also versuchen, all diesen Herausforderungen mit denselben Fähigkeiten zu begegnen wie in der Vergangenheit, wäre das genauso, als würden wir versuchen, mit einem Streichholz unser Notebook zu laden. Das kann nicht gehen.

Doch bevor wir in die Zukunft gehen, lassen Sie uns erst einmal eine Bestandsanalyse vornehmen. Wo stehen wir heute? Wenn wir nicht wissen, von wo aus wir starten, wird es schwer, einen Weg zu beschreiben. Das schafft kein Navi und unser Gehirn schafft das auch nicht.

Also, Sind Sie bereit?

Dann los … auf in die gute alte Zeit.

Die guten alten Zeiten

Vor nicht allzu langer Zeit war unser Leben sehr vorhersehbar. Man ging in die Schule, machte eine Ausbildung oder, noch erstrebenswerter, studierte und suchte sich dann einen Job, der einen idealerweise bis zur Rente ernährte. Aber neben dem Studium war noch etwas anderes erstrebenswert.

Den beruflichen Werdegang der Eltern fortzusetzen. Den Betrieb der Eltern zu übernehmen oder die Zahnarztpraxis, natürlich samt Kundenkartei. Wer dazu einen Bausparvertrag abgeschlossen und sich ein Reihenmittelhaus gekauft hatte, der hatte es »geschafft« im Leben. Er musste sich weder um seine Rente noch um die Zukunft seiner Kinder Sorgen machen. Deckel drauf und gut. Für immer.

Ich bin übrigens genau in dieser Bullerbü-Welt groß geworden. Das Wichtigste für meine Eltern war, dass ich mein Abitur mache und studiere. Ich habe ihnen beide Wünsche erfüllt. Okay, das mit dem Studium nicht ganz, aber ich habe es immerhin versucht. Als ich meiner Mutter erzählte, ich hätte das Studium abgebrochen, war das ähnlich schlimm, als hätte ich ihr verkündet, eine Hippie-Kommune in der Karibik gründen zu wollen. Sie erklärte mir wieder und wieder, dass »man« gesellschaftlich nichts wert sei ohne Studium und dass ich mein Leben wegwerfen würde. Aber ich ließ mich nicht noch einmal von meinen Plänen abbringen. Ich machte endlich das, was *ich* wirklich wollte: arbeiten gehen, Geld verdienen und *mein* Leben leben. Meine Mutter hat lange gebraucht, diesen Schock – eine Studienabbrecherin zur Tochter zu haben – zu verdauen. Heute ist sie verdammt stolz auf mich.

Hauptsache sicher

Nicht nur ein Studium war früher erstrebenswert. Selbst wenn es für die Uni nicht reichte, gab es andere gute und vermeintlich sichere Möglichkeiten. Man konnte in der örtlichen Sparkasse eine solide Banklehre absolvieren. Oder die Bäckerei des Vaters übernehmen, die dann im Alter wieder an den Sohn oder die Tochter überging. Oder eine Beamtenlaufbahn einschlagen. Quasi Sicherheit pur, zumindest für die meisten. Für einige wenige aber war es ein Gefängnis, aus dem sie sich nicht auszubrechen trauten. Das wäre ja rebellisch. In jedem Fall aber versprachen Lebenswege wie diese Orientierung und Sicherheit. Man konnte es ohne viel Kreativität und Initiative schnell »zu etwas bringen«, zumindest glaubte man das. Ja, so war es damals. So tickten wir.

Aber: Ticken wir heute so anders? Kennen Sie nicht auch Aussagen wie: »Lern erst mal was Richtiges. Bau dir was auf, dann hast du was Eigenes!«? Sind Sie nicht ebenfalls mit diesem Bedürfnis und Streben nach einem planbaren und sicheren Leben groß geworden? Haben Sie vielleicht sogar Ihrem Kind, Ihrem Neffen oder dem Nachbarsjungen geraten, Jura oder Medizin zu studieren? Damit er »was in der Hand hat«? Vielleicht gehören Sie ja auch zu denen, die sich ihr ganzes Leben für die Firma und die Familie aufgeopfert und abgerackert haben und träumen jetzt davon, dass Ihr Kind einmal den Betrieb übernimmt.

Diese Sicherheitsdenke und die Vorstellung, wie ein »normales« Leben auszusehen hat, ist uns jahrelang mühsam anerzogen und antrainiert worden. All das war ein Garant für ein gesellschaftskonformes und geordnetes Leben. Nicht für ein Leben der Selbstverwirklichung. Nicht für ein Leben, in dem man seine Träume lebt. Aber eben geordnet, sicher und planbar. Im Endeffekt haben wir mit uns genau das machen lassen, wovor wir uns heute fürchten: Wir haben uns mechanisieren lassen. Wir haben brav das ausgeführt, was unsere Eltern, Lehrer, unser Chef und die Gesellschaft für uns vorgesehen haben. Und dieses Ausführen hatte seine Vorteile. Einen geregelten Arbeitstag zum Beispiel. Von acht bis siebzehn Uhr. Eine Fünf-Tage-Woche und festgelegte Urlaubszeiten. Schön, wenn man planen kann, oder!?

Und natürlich gab es immer junge Menschen, die diesen vorgezeichneten Weg nicht einschlagen wollten. Aber das waren halt die Außenseiter. Oder die Hippies, deren Eltern sich fragten, was sie falsch gemacht hätten, dass der Junge oder das Mädchen so schlecht geraten war. Oder die

Brandl/Porsch: Der Zukunfts-Code

Spinner, die wirklich dachten, das Leben wäre dazu da, es zu genießen und sich selbst zu verwirklichen. Die meisten Kinder aber machten es »richtig«. Sie lebten brav das für sie vorbestimmte Leben und waren schockiert, wenn etwas anders lief als geplant.

Damals ...

Die guten alten Zeiten! Wie oft sehnen wir uns nach etwas zurück, das es nicht mehr gibt. An die Zeit, als man auch ohne Social Media und Co »dazugehörte«, als Faxe und Briefe geschickt wurden anstatt E-Mails. Als man noch eine Woche Zeit hatte, einen Brief zu beantworten und nicht schon nach dreißig Minuten die Nachfrage kam, ob man denn die E-Mail nicht bekommen habe. Als noch Heimatfilme im Abendprogramm liefen und Casting-Shows ein Zukunftsgespenst waren. Aber so sehr wir an Gewohnheiten und Bewährtem festhalten wollen, die Dinge ändern sich. Gerade, was die Technologie angeht. World Wide Web, Handys und vereinfachte Mobilität schufen und schaffen immense neue Möglichkeiten. All diese Dinge haben unser Leben verändert und werden das weiterhin tun, nur immer schneller.

Ganz gleich, ob wir auf den Bahamas, in Hintertupfingen oder an der Nordseeküste leben: Dank des Internets und unseres Laptops können wir von überall aus arbeiten oder uns via Netz schnell einen Artikel aus der British Library herunterladen.

Selbst zum Studieren müssen wir theoretisch nicht mehr an die Uni gehen, sondern können dank Skype oder Facetime ohne Probleme vom Bauernhof unserer Oma aus an der Vorlesung teilnehmen. Wir brauchen keinen Arbeitgeber mehr und können unsere Arbeitskraft weltweit von zu Hause über diverse Portale anbieten. All das gibt es. Aber ist uns das bewusst? Und viel entscheidender: Haben wir unsere Arbeits- und Lebenswelt schon diesen Fakten entsprechend angepasst? Sind wir wirklich so mobil, so flexibel, so trendy und so global, wie wir meinen? Oder stecken wir mit der Struktur unserer Arbeitswelt und unserer Denke nicht noch immer in der guten alten Zeit fest? Dafür lohnt es sich, einen Blick auf die Gegenwart zu werfen. In welcher Zeit leben wir eigentlich?

Willkommen im Hier und Jetzt

Da sind wir also angekommen. Im Hier und Jetzt. Nicht in der Zukunft, sondern in unserem normalen Alltag. Und was tun wir heutzutage? Wir greifen auf die bewährten Dinge aus der guten alten Zeit zurück und versuchen, uns damit in der heutigen Welt einen Platz zu sichern. Ähnlich sinnlos, wie zu versuchen, mit einem Speer die Erbsendose aufzumachen.

Vielleicht regt sich jetzt spontan Widerspruch in Ihnen und Sie denken: Moment mal, ich lebe sehr wohl im Hier und Jetzt. Und nicht nur das. Ich bin bereit für die Zukunft. Ich kann mit meinem Computer umgehen, bin fit in Social Media, habe einen Instagram-Account und weiß, was Influencer sind. Ich nutze YouTube und meine Termine organisiere ich via Outlook.

Das ist alles gut und schön, aber davon rede ich nicht. Ich rede davon, dass der Großteil der Bevölkerung zwar weiß, dass es Veränderungen gibt, sich aber von seinem Mindset noch nicht an diese Veränderungen angepasst hat. Noch immer überlegen Berufseinsteiger, welchen Weg sie einschlagen sollen, um möglichst sicher bis zur Rente zu kommen. Dass es dieses »sicher« nicht mehr geben wird, dass es diesen »einen Beruf für ein ganzes Leben« auch nicht mehr geben

Brandl/Porsch: Der Zukunfts-Code

wird, ist noch nicht bei allen allgekommen. Der Glaube, dass man mit einer klassischen Ausbildung oder einem Studium bestimmt einen guten Platz auf dem Arbeitsmarkt der Zukunft finden wird, ist mittlerweile ein Irrglaube. Ich treffe häufig auf junge Menschen, die sich dafür entscheiden, Ärztin, Pilot und Ingenieur zu werden. Schließlich sind das Berufe, die immer gebraucht werden. Damit haben sie sogar Recht. Diese Berufe *werden* immer gebraucht. Aber: Niemand behauptet, dass ein Arzt ein Mensch sein muss.

Das war doch erst gestern, oder?

Warum sollten wir zukünftig noch einen Arzt an unser Herz oder unsere Leber lassen, wenn wir wissen, dass ein Roboter, der weder Müdigkeit noch Überlastung kennt, viel besser und präziser operiert? Und warum sollten wir zukünftig einer griesgrämigen, frustrierten Lehrerin unsere Kinder anvertrauen, wenn eine Maschine wesentlich geduldiger die gleichen Geschichten Mal um Mal erzählt? Das Gleiche gilt für das klassische Wissen, über das wir uns früher so sehr definiert und das wir als unabdingbar für unsere Karriere gehalten haben. Und nebenbei bemerkt immer noch tun. Aber: Wofür braucht es noch einen Professor, der dort vorne an der Tafel steht, wenn uns eine Maschine das gleiche Wissen genauso gut, wahrscheinlich sogar besser, vermitteln kann? Und das ohne schrecklichen Dialekt, Sprachfehler oder Speichelfluss, den die erste Reihe als kostenlose Beigabe zur Vorlesung obendrauf bekommt.

»Nie im Leben werden Professoren von Robotern ersetzt.« Können Sie sich vorstellen, dass ein Professor so denkt? Genauso wie eine Fitnesstrainerin davon überzeugt ist, sie wäre nicht ersetzbar. Oder ein Arzt. Oder eine Rechtsanwältin. Oder, oder, oder … Aber dachten wir nicht auch jahrelang, dass wir unser Wissen stets nur über Bücher und kopierte Skripten erlangen werden? Und hätten wir uns vor zehn Jahren vorstellen können, dass YouTube einmal das neue Fernsehen sein wird? Oder, dass Autos keinen Fahrer brauchen und unbemannte Taxis der Trend der Zukunft sein werden? Okay, in Science-Fiction-Filmen, aber in der Realität? In unserem Leben? Vermutlich nicht. Aber genau das gibt es. Es fahren heute die ersten autonomen Busse durch Österreich und die ersten autonomen Taxis durch die USA. Nicht in Filmen, sondern in der Realität. Nicht in der Zukunft, sondern im Hier und im Jetzt. Die Dinge verändern sich zunehmend schneller. Und Visionen werden damit immer schneller zur Realität.

Nehmen wir die Digitalisierung: Von 1993 bis ins Jahr 2000 hat sich der Prozentsatz des Wissens, das digital verfügbar ist, von 3 auf 25 Prozent erhöht. 2007 waren es bereits 95 Prozent. Zu glauben, dass das keine Auswirkungen auf unser Bildungssystem und unsere Arbeitswelt hätte, wäre komplett ignorant. Die Digitalisierung verändert nicht nur unser Bildungssystem, sondern ebenso unseren Alltag: Die Mehrheit der 14- bis 20-Jährigen schaltet immer seltener den Fernseher ein. Aber es sind nicht nur die Jungen: Über die Hälfte der Generation Z konsumiert Filme, Serien und kurze Clips auf Video-on-demand-Plattformen. Wie lange wird es also dauern, bis Fernseher völlig von der Bildfläche verschwinden werden? Der Fernseher, Teil des deutschen Wirtschaftswunders, demnächst weg!?

Vielleicht kommen Sie –so wie ich – noch aus einer Zeit, in der es keine privaten Sender gab. Aus einer Zeit, in der es die ARD, das ZDF und ein paar dritte Programme gab, das war's. 1985 kam mit SAT 1 das private Fernsehen dazu und erst 2003 wurde das erste analoge Antennen-Fernsehen in Berlin abgeschaltet. Wir haben also fast 50 Jahre gebraucht, um von analog auf digital umzuschalten. Aber nach nur weiteren acht Jahren veränderte sich die komplette Fernsehlandschaft erneut. Netflix, YouTube, und, und, und ... gehören heute zum Alltag. Das, was früher zig Jahre gedauert hat, dauert heute Monate. Oder Tage. Und mit einem Fingerschnips ist alles anders.

Schaffen wir uns selbst ab?

Neu ist also nicht, dass sich Dinge verändern. Das haben sie immer. Neu ist die Schnelligkeit, mit der sie das tun. Wenn es bis zum 19. Jahrhundert noch hundert Jahre dauerte, bis sich Wissen verdoppelte, brauchte es 2000 dafür nur noch zehn Jahre. Und heute? Nach Angaben des Wiener Genetikers Professor Hengstschläger verdoppelt sich Wissen heute innerhalb eines Tages. Wie wollen wir da noch mithalten? Und etwas Weiteres ist neu: Neu ist das, *was* sich verändert. Bisher hatten wir nur mit uns selbst zu tun. Wir haben mit Menschen konkurriert. Zukünftig konkurrieren wir nicht nur mit unseresgleichen, zukünftig konkurrieren wir zusätzlich mit Maschinen.

Irgendwie ist das alles schwer vorzustellen, oder?

Auf der anderen Seite ist das Zusammenarbeiten und -sein mit Maschinen und künstlicher Intelligenz (KI) heute in einigen Bereichen und Ländern schon »normal« geworden. Nehmen wir die Medizin. In China hat gerade der chinesische Roboter Xiaoyi als erster Roboter der Welt die Zulassungsprüfung für Medizin bestanden – übrigens mit 96 Punkten, mehr als erforderlich. In China ist dieser Test Voraussetzung, um als Arzt zugelassen zu werden. Xiaoyi wurde für diesen Test von Wissenschaftlern mit Inhalten aus 53 medizinischen Lehrbüchern, zwei Millionen medizinischen Aufzeichnungen und 400.000 Texten gefüttert. Aber nicht nur das. Er hat sogar klinische Praxiserfahrung. Zukünftig soll er Ärzten bei der Erstdiagnose als Berater zur Seite gestellt werden, um medizinische Fehleinschätzungen zu reduzieren. Bei Ihrem nächsten Krankenausaufenthalt haben Sie also nicht nur den Arzt, sondern auch die Maschine Ihres Vertrauens an Ihrer Seite. Demnächst haben Kinder in der Schule nicht nur ihre Klassenkameraden neben sich sitzen, sondern *Watson*, der Supercomputer von IBM, sitzt dazwischen.

Ist ein Job als Arzt also sicher? Mitnichten. Das war einmal. Selbst der Beruf des Zahnarztes, der doch immer als sichere Wahl für ein gutes Leben gilt, ist es nicht. Zumindest, wenn es nach den Chinesen geht. 2017 hat dort ein Roboter das erste Mal zwei Zahnimplantate in den Kiefer eines Menschen eingesetzt. Und auch wenn medizinisches Personal bei diesem spektakulären Eingriff noch anwesend war, so ist es doch kein einziges Mal eingeschritten. Aber Maschinen halten nicht nur in der Medizin Einzug. In Japan machen Maschinen bereits beim morgendlichen Betriebssport mit. Ich habe letztens einen Video-Clip gesehen, der Japaner im Fitnessstudio zeigte, Seite an Seite mit Robotern. Warum? Das Gefühl der Zusammengehörigkeit soll gestärkt und die künstlichen Kollegen damit sympathischer werden.

Jetzt wissen Sie, was bald auf Sie zukommt: Sie neben *Watson* auf dem Laufband. Scherz beiseite. Es gibt bereits zig aktuelle Beispiele für den Einsatz von Maschinen aus unserer heutigen Zeit. Die Frage ist: Bekommen wir das alles überhaupt mit? Und die Beispiele betreffen nicht nur China und Japan. Auf dem größten in Deutschland gebauten Kreuzfahrtschiff, der »Quantum of Seas«, muss man schon lange nicht mehr um die Gunst des Barkeepers buhlen. In der Bionic Bar mixen Roboter auf Knopfdruck die Cocktails, und die machen das gut. Ein Side Car schmeckt nach einem Side Car und eine Piña Colada nach einer Piña Colada, immer. Man weiß, was man kriegt und bekommt alles in einer gleichbleibenden Qualität. All das ist kein Science-Fiction-Roman, es ist Realität. Es findet genau hier und jetzt statt. Die Zeiten, in denen unser Smartphone die Heizung temperaturabhängig eigenständig ein- und ausschaltet oder die Lebensmittel berechnet und bestellt, die wir für unsere Party am Abend brauchen, sind so gut wie da – nur noch einen kleinen Schritt entfernt.

Wann werden wir wach?

Wenn Sie das jetzt so lesen und weiterdenken, könnte die Frage aufkommen: Werden wir gerade von den Maschinen, die wir selbst erschaffen haben, abgehängt?

Ja, und Nein. Ja, wenn wir nicht rechtzeitig reagieren. Nehmen wir nur mal das Thema Social Media. Eigentlich ein alter Hut. Aber ich erlebe immer wieder, wie in Unternehmen hoch und runter diskutiert wird, ob man wirklich ein professionelles Social-Media-Profil haben sollte oder nicht. Ob es sinnvoll ist, bei LinkedIn präsent zu sein oder nicht. Ob man Facebook für die Akquise nutzen kann oder nicht. Hallo? Social Media gehört zu unserem Alltag. Ein Großteil der Kunden von Unternehmen ist dort vertreten. Wie wollen Unternehmen diese Kunden finden, wenn sie nicht da sind, wo die Kunden sind? Während sich die Unternehmen also die Köpfe über veraltete Hüte zerbrechen, machen Roboter schon Jagd auf ihre Kunden. Wenn wir nicht rechtzeitig auf die Zeichen der Zeit reagieren, haben wir ein Problem. Wir dürfen die Zukunft nicht ignorieren, wir müssen sie anpacken.

Die Falle, in die wir hierbei immer wieder tappen, ist unser Verdrängungsmechanismus. Wir verdrängen die Dinge so lange, bis es zu spät ist. Und das noch nicht mal bewusst. Wenn wir aber wirklich durch *Watson* ersetzt wurden, wenn es auf einmal richtig wehtut, dann werden wir wach und fragen uns: »Warum habe ich von all dem nichts bemerkt? Wie konnte das alles nur an mir vorbeigehen?«

Rein theoretisch können die ganzen Dinge auch nicht an uns vorbeigehen. Wir brauchen nur die Zeitung aufzuschlagen. Es vergeht kaum ein Tag, an dem nicht etwas über die heutige und zukünftige Arbeitswelt geschrieben wird. Am meisten bewegt hat mich ein Artikel in der WirtschaftsWoche über die Lufthansa. Der Tenor: Mehrere tausend Mitarbeiter sollen ersetzt werden. Ja, Sie lesen richtig. Nicht gekündigt, sondern ersetzt. Und das nicht durch die besseren Spezialisten, nein, im Gegenteil. Gesucht werden Branchenfremde mit Kenntnissen bei Digitalisierung, Innovation und Markenmanagement. Anstatt bestehende Mitarbeiterinnen und Mitarbeiter umzuschulen und fit zu machen, sollen sie mit »attraktiven« Angeboten zum freiwilligen Ausscheiden bewegt werden. Wie deutlich brauchen wir es noch, um zu verstehen, wohin in Zukunft die Reise geht? Aber irgendwie verdrängen wir das!

Woher kommt dieser Verdrängungsmechanismus, der uns so oft unser Leben schwermacht? Der dafür sorgt, dass wir uns in der Sicherheit eines Jobs wähnen, bis wir die Kündigung in der Hand halten? Der dafür sorgt, dass wir uns ein Leben lang in einer sicheren Partnerschaft fühlen, so lange, bis wir nach Hause kommen und unser Partner weg ist? Und der dafür sorgt, dass wir jahrelang an der Zukunft 4.0 vorbeileben, bis wir feststellen, dass der Zug in die Zukunft ohne uns abgefahren ist?

Verdrängen oder Wahrheit

Eine Hauptursache für diesen Verdrängungsmechanismus liegt in unserem Sicherheitsbedürfnis. Das Bedürfnis nach Sicherheit kriegen wir mit der Muttermilch eingeflößt und kultivieren es unser Leben lang. Wir wollen wissen, was kommt. Wir brauchen einen Plan und Überraschungen lieben wir gar nicht. Zumindest nicht die negativen. Alles, was wir nicht einschätzen können, was wir nicht kennen, macht uns Angst. Und mit Angst haben wir ebenso wenig gelernt umzugehen wie mit Veränderungen. Anstatt uns mit dem Hier und Jetzt auseinanderzusetzen, verdrängen wir es und bauen uns unsere eigene Wirklichkeit. Getreu dem Pippi-Langstrumpf-Motto: »Ich baue mir meine Welt so, wie sie mir gefällt.« Das funktioniert so lange, bis diese heile Welt von anderen zerstört wird, oder von der Realität.

Spannend oder vielleicht eher erschreckend ist, wie viele Menschen an dieser »heilen« (Schein-)Welt festhalten. Wenn wir in unseren Trainings über *Watson* reden, denkt ein Groß-teil, wir reden über Mister Spock. Aber *Watson* ist da. Hier, heute und jetzt. *Watson* kann mit Ihnen kommunizieren und interagieren. Und wenn Sie jetzt an Computerinteraktion denken, wie: »Wenn Sie ein Schnitzel wollen, drücken Sie die Eins. Wollen Sie ein Bier, drücken Sie die Zwei« – Vergessen Sie's! *Watson* ist in der Lage, komplizierte Fragen zu verste-hen und darauf Antworten zu geben. *Watson* ist darauf pro-grammiert, bei schwierigen Sachverhalten nach Lösungen zu suchen. Heute schon! Und nicht nur *Watson*. Künstliche In-telligenz ist in der Lage, Callcenter-Agenten komplett zu er-setzen. *Heute schon!* Künstliche Intelligenz ist in der Lage zu lernen und komplette Finanzierungsberatungen bei Im-mobilienkäufen eigenständig durchzuführen. *Heute schon!* Eine große deutsche Bank hat vor Kurzem die Meldung her-ausgegeben, ihr Kreditgeschäft für Firmenkunden zu digita-lisieren. Kredite können von nun an sofort komplett digital beantragt werden.

Wenn das alles schon heute da ist, was passiert dann mit denen, die diese Aufgaben bis jetzt ausgeführt haben? Was passiert mit den Callcenter-Agenten, den Finanzierungsbera-tern oder den Bankern?

Richtig, sie werden überflüssig. Sie werden ersetzt und nicht mehr gebraucht. Zumindest nicht für das, was sie bis dato gemacht haben. Und das zeigt, womit wir künftig rech-nen müssen. Viele menschliche Dienste werden bald obso-let. Genauso wie heute niemand mehr Schreibmaschinen verwendet, werden für bestimmte Aufgaben künftig keine Menschen mehr gebraucht. Warum auch?

Warum sollten Unternehmen viel Geld für die Leistung eines Menschen ausgeben, wenn es Maschinen gibt, die die gleiche Arbeit schneller und zuverlässiger und sogar billiger erledigen? Es gibt keinen Grund dafür, oder?

Aber selbst, wenn wir mitbekommen, dass KI unter uns ist und immer präsenter wird, sind wir trotzdem davon überzeugt, dass uns das Ganze nicht betrifft. Die anderen vielleicht, aber uns?

»Ich, ersetzbar? Als Anwalt? Mandanten werden immer den menschlichen Bezug brauchen. Mich betrifft das nicht. »Ich ersetzbar? Als Vermögensberater? Nie im Leben. Meinen Kunden wollen mich als Ihren persönlichen Ansprechpartner, keine Maschine. Mich betrifft das nicht. Aussage wie diese höre ich immer wieder.« Diese automatischen Abwehr- und Verdrängungsmechanismen sind so stark und mächtig, dass sie selbst vor dem Tod nicht Halt machen. Menschen, die todkrank sind, haben oft die Tendenz, ihre Symptome so lange wie möglich zu ignorieren. Bis sie von der bitteren Realität eingeholt werden und im schlimmsten Fall zu spät damit beginnen, die Maßnahmen zu ergreifen, die sie vielleicht gerettet hätten.

Wenn wir also weiterhin sagen: »Was geht mich das alles an?«, verhalten wir uns nicht anders als diese Kranken. Und genauso wie sie, siechen wir langsam dahin. Spätestens, wenn Ihr Chef zu Ihnen sagt, dass ab Montag ein Roboter Ihre Kunden beraten, Ihre Patienten operieren, Ihr Flugzeug fliegen wird, spätestens zu diesem Zeitpunkt müssen Sie sich eingestehen, dass Sie eine entscheidende Entwicklung verschlafen haben. Nur leider ist der Zug dann längst abgefahren, und Sie sind abgehängt. Wollen Sie das?

Busfahrer oder Passagier?

Verdrängen Sie nicht, stellen Sie sich! Machen Sie sich nicht zum Zuschauer Ihrer eigenen Zukunft, sondern zum Akteur! Es hat keinen Sinn, frustriert den Kopf in den Sand zu stecken, wenn ein Drittel der Jobs in Ihrer Abteilung abgebaut werden soll, damit ändern Sie nichts. Sie haben nur eine Chance: die Dinge zu realisieren, sie zu akzeptieren und zu handeln.

Niemand sagt, dass es leicht wird, aber eins ist sicher: Wenn Sie nicht handeln, handelt ein anderer. Wenn Sie nicht die Verantwortung für Ihr Leben übernehmen, macht es ein anderer. Das Dumme ist nur, nicht der andere hat die A-Karte, sondern Sie. Nicht Ihr Chef, der Sie entlassen hat, sitzt auf der Straße, das sind allein Sie. Nicht die Maschine, die Sie ersetzt hat, muss ihr Leben von »Roboter V« als Nachfolger von Hartz IV bestreiten, sondern Sie. Und davor möchte ich Sie bewahren.

Mein erster Chef sagte am Anfang meiner Verkäuferkarriere etwas zu mir, das mir bis heute im Gedächtnis geblieben ist. Er sagte: »Porschi, wenn du Erfolg haben willst, musst du dich entscheiden, ob du Busfahrer sein willst oder Passagier.« Klar wollte ich die Busfahrerin sein und vorne sitzen. Aber wenn ich ehrlich bin, wollte ich das nur, wenn alles gut lief. Wenn meine Kunden nicht kauften, wenn ich nicht genügend Termine hatte, habe ich mich gerne mal nach hinten gesetzt. Dann mussten halt andere an die Front. Dann war der Wettbewerb schuld an meinem miserablen Umsatz, der schwierige Markt, das Sommerloch usw. Und schwupps, ehe ich mich versah, hatte ich mich zum Opfer degradiert. Ich war das Opfer des Sommerlochs, des Marktes und all der anderen Dinge, die ich für mein Scheitern verantwortlich machte.

Und das ist das Schwierige mit der Verantwortung: Läuft alles gut, übernehmen wir sie gerne. Droht uns etwas um die Ohren zu fliegen, sieht das plötzlich anders aus.

Wenn uns unser Chef für das erfolgreich abgeschlossene Projekt einen Bonus zahlt, sind wir doch gerne bereit, dafür geradezustehen, oder? Doch wenn er uns zur Rechenschaft zieht, weil wir einen wichtigen Kunden verprellt haben, springen wir schnell vom Fahrersitz auf und setzen uns auf die hinterste Bank. So können wir wenigstens jemand anderem die Schuld dafür geben, dass der Bus die falsche Abfahrt genommen hat. Dabei müssten wir gerade in dem Fall, wenn es brenzlig wird, die Verantwortung für unser Leben übernehmen. Aber nicht nur das – wir müssen auch handeln. Handlungskompetenz ist einer der Erfolgsschlüssel der Zukunft.

Wie wollen wir in der Zukunft ankommen, wenn wir uns nicht bewegen? Was wollen wir ausrichten, wenn wir auf der Rückbank sitzen und der, der vorne sitzt, ständig die falsche Abfahrt nimmt?

Dieses »am Steuer sitzen« fällt den meisten von uns verdammt schwer. Wir haben einfach nie gelernt, wie wir das machen. Wir kriegen unser Leben lang die Rückbank eingetrichtert. Wir lernen: Mach, was dir gesagt und von dir erwartet wird und fall nicht aus der Rolle. Wir lernen: Wer viel macht, der macht Fehler. Und Fehler machen tut weh. Und wir lernen: Da wo alle hinlaufen, ist das Ziel. Mit all diesen Lernerfahrungen katapultieren wir uns direkt auf die Rückbank.

Aber: Wollen Sie wirklich, dass *Watson* am Steuer Ihres Lebens sitzt und entscheidet, wo Sie ankommen? Wollen Sie wirklich mit der Masse mitlaufen, wenn die Masse sich von Robotern den Rang ablaufen lässt? Und wollen Sie wirklich im Fehlervermeidungsmodus durch das Leben laufen, wenn es genau diese Fehlversuche sind, die künftig den Erfolg ausmachen? Denn eines muss uns klar sein: Wenn sich alles immer schneller ändert, wenn wir ständig neu dazu lernen und uns neu erfinden müssen, wie wollen wir das bitte schaffen, ohne Fehler?

Brandl/Porsch: Der Zukunfts-Code

Bis dato hat es vielleicht funktioniert, wenn wir uns auf der Rückbank durch das Leben haben fahren lassen. Die Endstation war dann schlimmstenfalls Hartz IV. Zukünftig heißt es dann nicht mehr Hartz IV, sondern: Willkommen im Cyber-Ghetto. Willkommen im Land der gescheiterten Existenzen, die sich von Maschinen haben aufs Abstellgleis schieben lassen. Die frustriert in der ihnen zur Verfügung gestellten Einzimmerwohnung mit Gemeinschaftsklo sitzen und ihren Alltag damit fristen, sich in einer virtuellen Scheinwelt mit ihrem PC das Leben auszumalen, von dem sie mal geträumt haben.

Mut zum Risiko

Es reicht einfach nicht mehr, nur zu funktionieren und das zu tun, was man uns sagt oder was von uns erwartet wird. Befehle ausführen und funktionieren, das können Maschinen besser, günstiger und fehlerfreier als wir. Zukünftig geht es darum, dass wir unser Leben, unseren Arbeitsalltag und unseren Erfolg selbst in die Hand nehmen und mehr machen, als von uns erwartet wird. Es geht nicht mehr darum, konform mit der Masse mitzulaufen, es geht darum, aus der Masse herauszustechen. Es geht auch nicht mehr darum, keine Fehler zu machen, sondern möglichst schnell aus vielen Fehlern zu lernen.

Niemand weiß genau, welche Entscheidungen die richtigen sind, und zwar unabhängig vom Alter. Das weißt du nicht mit 19, nicht mit 40, aber auch nicht mit 50 oder 60. Da wir es nicht wissen und auf gar keinen Fall eine falsche Entscheidung treffen wollen, haben wir einen einfachen Weg gefunden, mit Entscheidungen umzugehen. Wir weichen aus. Wir treffen so wenige Entscheidungen wie möglich. Wir lassen uns gar nicht erst auf Situationen ein, die uns riskant erscheinen. Wir bleiben lieber in unserem Frust-Job, anstatt den Sprung in die Selbstständigkeit zu wagen oder uns eine andere Anstellung zu suchen. So können wir wenigstens nicht pleitegehen. Allerdings können wir auf diese Weise auch nie glücklich und erfolgreich in einem anderen Job werden. Aber das blenden wir aus.

Anstatt zu handeln, zögern, verschieben und verdrängen wir. Aber wir brauchen keine Verdrängungskompetenz in Zukunft, wir brauchen Handlungskompetenz. Wir brauchen den Mut, bewusst Unsicherheiten oder Risiken einzugehen. Wir brauchen den Mut, zu scheitern, denn all das gehört in Zukunft zum Leben dazu.

Zweimal pleite. Aus deutscher Sicht bin ich mit meinen beiden Pleiten gesellschaftlich komplett gescheitert. Pleite mit einem Vertriebsunternehmen – das muss man erst einmal schaffen. Dass ich nicht pleitegegangen bin, weil ich nicht erfolgreich war, sondern weil ich meine Provisionen nicht mehr bekommen habe, wen interessiert das? Wen interessiert, wie es dazu gekommen ist? Wen interessiert, wer schuld ist? Keinen! Das Ergebnis zählt. Nur darum geht es. Und damit zurück zu unseren künstlichen Weggefährten der Zukunft. Wenn Sie Ihren Job verlieren, weil Sie durch *Watson* ersetzt werden, sitzen Sie auf der Straße. Niemanden interessiert, wer dafür verantwortlich ist, dass es *Watson* gibt, wer das Ding einmal erfunden hat und ob das jetzt gerecht ist oder nicht. Fakt ist, Sie sind auf dem Abstellgleis. Und Fakt ist, Sie müssen mit den Konsequenzen leben und niemand sonst. Ich habe damals erfahren, wie es ist, wenn Freunde sich abwenden, Geschäftspartner den Kontakt abbrechen, Behörden und Banken dir das Leben schwer und noch schwerer machen. Ich weiß, wie es sich anfühlt, eben noch erfolgreich gewesen zu sein und plötzlich den Loser-Stempel auf der Stirn zu haben. Unsere Gesellschaft interessiert (noch) nicht, dass nur derjenige scheitern kann, der etwas wagt. Es interessiert (noch) nicht, dass zu Erfolg immer Misserfolg gehört und auch (noch) nicht, dass wir aus Fehlern lernen und nicht aus Erfolgen. Das, was interessiert, ist, dass Sie gegen die Regeln verstoßen haben. Und das macht man nicht. Nicht heute. In Zukunft schon.

Wenn wir uns selbst bescheißen

So sehr Scheitern in Deutschland noch ein Tabuthema ist, in Amerika ist das anders: Hast du es beim ersten Mal nicht geschafft, versuchst du es eben ein zweites oder drittes Mal. Es gibt im amerikanischen Englisch sogar ein Wort dafür: »to pivot«. »We pivoted«, was so viel heißt wie: »Wir drehen«, sagt man, wenn klar ist, dass das ursprüngliche Konzept nicht durchsetzbar ist oder schlicht nicht funktioniert. Im Silicon Valley traut man übrigens niemandem, der noch nie pivoten musste – warum auch? Wir können nur etwas Neues erreichen, wenn wir bereit sind, Fehler zu machen. Scheitern ist nichts anderes als die Notwendigkeit, einen anderen Weg einzuschlagen. Aber hier in Deutschland legen viele schon nach dem ersten leichten Gegenwind die Waffen nieder und geben sich geschlagen. Oder noch schlimmer: Sie versuchen es nicht einmal. Allein die Angst vor *möglichem* Scheitern hält sie ab. Doch befriedigt uns das?

Was ist das eigentlich, diese Befriedigung? Sind Sie zufrieden mit Ihrem Leben? Ihrem Job? Mit Ihrem Partner? Fragen wie diese haben wir vermutlich alle schon einmal gehört. Glaubt man einer Studie des Allensbacher Meinungsforschungsinstituts von 2014, so ist Zufriedenheit am Arbeitsplatz für viele Menschen ein entscheidender Faktor. 60 Prozent der Befragten bezeichneten sich selbst als zufrieden mit ihrer Arbeit, 24 Prozent sogar als sehr zufrieden. Nur 13 Prozent waren weniger bis gar nicht zufrieden. Das klingt erst mal sehr gut, oder? Aber anscheinend gilt das nur in der Theorie. Denn wenn wir der Bundespsychotherapeutenkammer glauben, hat sich der Anteil derjenigen, die aufgrund psychischer Belastung in Frührente gegangen sind, seit 1993 von 15,4 Prozent auf 42 Prozent im Jahr 2012 erhöht. Dagegen nehmen körperliche Erkrankungen als Gründe für gesundheitsbedingte Frühverrentung seit 2001 kontinuierlich ab. Man könnte die Ergebnisse auch so interpretieren: Die wenigsten, selbst wenn sie noch so unglücklich in ihrem Job sind, trauen sich, die vermeintliche Sicherheit, Festanstellung, Verbeamtung etc. für mehr Zufriedenheit aufzugeben. Lieber machen wir uns etwas vor und reden uns die Dinge schön. Wir zahlen einen sehr hohen Preis für vermeintliche Sicherheit. Aber ist es das wert?

Vielleicht sind Sie selbst einer von denen, die seit Jahren mit Magenschmerzen in das gleiche Büro rennen, nur, weil Sie Angst davor haben, dass Sie nie wieder so einen gut bezahlten Job plus Weihnachtsgeld bekommen werden. Dann dürfen Sie sich darauf freuen, dass Ihnen diese Magenschmerzen demnächst abgenommen werden. Denn vielleicht sitzt bald eine Maschine auf Ihrem Stuhl. Momentan mag das für viele vielleicht noch eine Horrorvorstellung sein. Aber warum eigentlich? Wer sagt, dass eine Kündigung einem gesellschaftlichen Tod gleichen muss? In Zukunft ist eine Kündigung kein Tod, sie ist der Neubeginn einer anderen Tätigkeit. In Zukunft braucht es auch keine Magenschmerzen mehr, wenn einem der Job nicht passt. Veränderungen werden zum Arbeitsalltag gehören, genauso wie das Handy an unserem Ohr.

Freiheit ist die neue Sicherheit

Den stärksten Hauptgegner der Zukunft kennen Sie schon. Es ist unsere Angst! Angst lähmt! Angst lässt uns nach »vermeintlicher« Sicherheit suchen. Selbst heute, in einer Zeit, in der es keine Sicherheit mehr gibt, sehnen wir sie herbei. Fest-

Brandl/Porsch: Der Zukunfts-Code

anstellungen sind ein super Beispiel dafür. Wir entscheiden uns für eine Festanstellung, weil das wenigstens sicher ist. Ob der Beruf wirklich unser Traumjob ist, ob wir uns nicht viel wohler als Freelancer oder Unternehmer fühlen würden, all das ist zweitrangig. Wir wollen zu allererst die Sicherheit. Aber was helfen uns Verträge, die uns bis zur Rente anstellen, wenn sie morgen keine Gültigkeit mehr besitzen? Dass das passieren kann – und meiner Ansicht nach auch wird –, blenden wir aus. Wir klammern uns lieber an vermeintliche Sicherheit, anstatt der Realität ins Auge zu sehen. Dabei gibt es überhaupt keinen Grund, Angst zu haben. Im Gegenteil. Denn: Wenn es keine Sicherheit mehr gibt, ist da Platz für etwas Neues. Für Freiheit. Freiheit ist die neue Sicherheit! Und vor Freiheit brauchen wir uns nicht zu fürchten.

Es gab noch nie so viele Freiheiten wie jetzt. Wenn ich an meine Zeit nach dem Abitur denke, stand ich vor der Option: studieren oder Ausbildung. Und heute? Studium, Ausbildung, Start-up, Ausland, Freelancer, YouTube-Star, Influencer – es gibt zig Möglichkeiten, die ich damals gar nicht kannte. Wir können heute aus unzähligen Optionen wählen. Wir können entscheiden, wo wir arbeiten, wie wir arbeiten, wie lange wir arbeiten, wo wir leben wollen auf dieser Welt und, und, und. Im Gegensatz zu vielen Menschen müssen wir keinerlei echte Not befürchten. Wir haben die Freiheit, alles zu versuchen, was wir versuchen wollen. Ein fantastischer Zustand. Eigentlich. Denn so fantastisch Freiheit auch ist, niemand hat uns beigebracht, diese Freiheit zu erkennen und schon gar nicht, mit dieser Freiheit umzugehen – das müssen wir erst lernen, in der Zukunft.

Eine Reise in die Zukunft

Alles, was wir uns bis jetzt angeschaut haben, ist kein Science-Fiction-Roman, es ist Realität. Und wenn es Realität ist, wenn es etwas gibt, dann ist da eben kein »Vielleicht« mehr. Reden wir über die Zukunft, dann reden wir über unser Leben. Heute und in Zukunft.

Was bedeutet diese Zukunft nun für uns? Was bedeutet es für Sie, dass nichts mehr sicher ist? Was bedeutet es für Sie, dass alles im Umbruch ist und Sie auf Ihre Erfahrungen allein nicht mehr bauen können? Und was bedeutet es für Sie, wenn Maschinen jetzt neben Ihnen ihren Platz in der Welt behaupten?

Stellen Sie sich vor, Sie hätten ein Unternehmen und würden zum Beispiel Unterwäsche produzieren. Sie hätten hundert Mitarbeiter, verteilt auf alle relevanten Bereiche wie Produktion, Verwaltung, Vertrieb usw. Sie waren jahrelang sehr erfolgreich, aber seit einiger Zeit geht Ihr Umsatz kontinuierlich zurück. Sie verlieren immer mehr Kunden an den Online-Handel und die Konkurrenz. Gleichzeitig steigen Ihre Personalkosten und jetzt stehen Sie kurz vor der Pleite. Ein Szenario, wie es zig Einzelhändler tagtäglich in Deutschland erleben. Aber nun, kurz bevor Sie Insolvenz anmelden müssen, erfahren Sie, wie Sie es schaffen könnten, Ihre Pleite zu umgehen. Sie haben die Chance, Ihre Kosten künftig um die Hälfte zu reduzieren und trotzdem mehr Umsatz zu machen. Was tun Sie? Die Chance ergreifen oder den Laden zumachen?

Vermutlich würden Sie alles tun, um Ihr Unternehmen zu retten, richtig? Ist das verwerflich? Die meisten würden vermutlich sagen, natürlich nicht. Aber Sie haben sich soeben von der Hälfte Ihrer Mitarbeiter getrennt, um sie durch Roboter zu ersetzen. Das ist nicht verwerflich, das ist die Realität. Das ist nicht die Zukunft, das ist die Gegenwart. In dieser gegenwärtigen, zukünftigen Gesellschaft werden viele Berufe und Tätigkeiten, die wir kennen, nicht mehr von Menschen, sondern von Maschinen ausgeübt. Es ist nicht mehr die Sachbearbeiterin, die unsere Unterlagen bearbeitet, sondern ihre maschinelle Nachfolgerin. Es ist nicht mehr der Callcenter-Agent, mit dem wir sprechen, sondern ein menschlich klingender Roboter. Es ist auch nicht mehr der Arzt unseres Vertrauens, der uns operiert, sondern Xiaoyi. Solange wir nicht selbst davon betroffen sind, mögen wir vieles davon sogar für sinnvoll halten. Computergesteuerte Maschinen haben nun mal jede Menge Vorteile. Sie sind wesentlich präziser als Menschen. Sie kennen weder Müdigkeit noch Hunger oder schlechte Laune. Sprich, sie funktionieren am Ende eines 24-Stundendienstes noch genauso gut wie zu Beginn. Und sie lassen sich weder von fiesen Kommentaren ihrer Kollegen, noch von übelriechenden Patienten oder einer arroganten Chefin aus der Ruhe bringen.

Maschinen an die Macht!

Roboter werden übrigens schon länger eingesetzt als vielen von uns bewusst ist. Das Operationssystem »Da Vinci« wird etwa bereits seit 2009 in den urologischen Abteilungen vieler großer Krankenhäuser eingesetzt.

Wenn Sie jemanden kennen, der in den letzten Jahren eine Prostata-OP hatte, ist dieser Mann mit hoher Wahrscheinlichkeit von »Da Vinci« operiert worden. Und auch wenn momentan das Operationssystem nur der verlängerte Arm des menschlichen Operateurs ist und selbstständig noch keine Operationen durchführt: Kombinieren Sie dieses Ding mit Xiaoyi. Wie lange wird es dauern, bis dieses Team selbstständig operiert? Vor allem in Gegenden, wo schlicht kein Arzt vor Ort ist. Mit Sicherheit ist das nur noch eine Frage der Zeit. Oder nennen Sie mir einen vernünftigen Grund, warum ein Mensch, der auch mal müde, gestresst oder unaufmerksam ist und dann Fehler macht, unsere Röntgenbilder auswerten sollte, wenn ein Computer, der keine dieser menschlichen Schwächen hat, das viel besser und genauer beurteilen kann?

Wenn Ihnen bis jetzt das ein oder andere Mal etwas durch den Kopf gegangen ist, wie: »Hilfe, wenn das so weitergeht, betrifft das Ganze irgendwann ja auch noch mich!?«, dann haben Sie Recht! Es stimmt, es betrifft Sie! Laut einer Oxford-Studie des schwedischen Ökonomen Carl Benedikt Frey und des Informatikers Michael Osborne sind 47 Prozent des amerikanischen Arbeitsmarktes von der Robotisierung bedroht. In Deutschland sieht es laut des Chef-Ökonomen der ING-DiBa Carsten Brzeski nicht besser aus. Der Wissenschaftler schätzt auf Basis der Oxford-Studie, dass von 31 Millionen Arbeitsplätzen in Deutschland 18 Millionen von dieser Entwicklung betroffen sein werden. Wir reden also über weit mehr als jeden zweiten Job, der sich ändern wird oder wegfällt. Jeder zweite Job! In meinen Vorträgen fangen die Teilnehmerinnen und Teilnehmer an dieser Stelle meist schon an zu zählen. Sich auszuzählen: eins, zwei, eins, zwei … du bleibst, ich gehe, du bleibst, ich gehe … So lustig das am Anfang für alle Beteiligten ist, so ernst und real ist es am Ende. Der Umbruch findet auf allen Ebenen statt. Die Dienstleistungsgewerkschaft Ver.di hat bereits im letzten Jahr mit den Versicherungskonzernen über den Abschluss eines »Zukunftstarifvertrags Digitalisierung« verhandelt, Bill Gates fordert eine Roboter-Steuer, um die Verluste aus der Einkommensteuer aufzufangen, und ein japanischer Versicherer hat im letzten Jahr kurzerhand fast ein Drittel der Belegschaft durch KI ersetzt. Jeder, der sich heute hinstellt und behauptet, all das betreffe ihn nicht, handelt genauso blauäugig, wie diejenigen, die 1997 an das Rentenmärchen glaubten: Die Renten sind sicher.

Rüsten Sie sich aus!

Die Frage ist also längst nicht mehr, ob das alles so kommt mit den Robotern, sondern wie wir damit umgehen. Was können wir tun, um uns vor zukünftiger Arbeitslosigkeit zu schützen? Um uns davor zu schützen, dass wir von Hartz IV irgendwann auf das »Robot V« umgestellt werden? Was können wir tun, damit wir nicht vor unserem PC sitzend mit anderen Ausrangierten fiktive Welt spielen müssen, anstatt in der Mittagspause mit Kollegen in die Kantine zu gehen? Die Schere zwischen Arm und Reich ging schon in der Vergangenheit immer stärker auseinander, aber zukünftig wird der Turbo eingelegt werden.

Wir können die Entwicklung nicht aufhalten, aber wir können entscheiden, wie wir mit ihr umgehen. Wollen wir unser Leben wirklich zu Hause vor dem Bildschirm verbringen, um uns mit Cyberfreunden in einer Cyberwelt zu treffen und uns mit dem zufriedenzugeben, was Maschinen für uns übrig lassen? Weit entfernt davon sind wir ja nicht. Wie viele Menschen sitzen abends in ihrer Wohnung, mehr oder weniger frustriert vom Alltag, schalten irgendwelche Reality-Shows und Doku-Soaps an und denken, das sei das reale Leben? Und wenn der Fernseher langweilt, vertreiben sie sich ihre Einsamkeit eben auf Facebook mit ihren »Freunden«. Spannend – oder besser erschreckend – ist, dass sie diese virtuelle Welt für real halten. Ich bin selbst oft verblüfft und teilweise sogar verängstigt darüber, wie sehr fremde Menschen glauben, mich zu kennen, nur weil ich über Facebook mit ihnen vernetzt bin. Die Grenzen von realer und virtueller Welt verschwimmen zunehmend. Die Verschmelzung können wir nicht aufhalten, aber wir können und müssen uns bewusst machen, in welcher Welt wir gerade sind und in welcher wir leben wollen. Genauso müssen wir uns bewusst werden, ob wir selbst die Kontrolle über unser Leben übernehmen wollen, oder ob wir sie an Maschinen abgeben. Wir müssen uns entscheiden, ob wir vorne im Bus am Steuer sitzen wollen und bestimmen, wohin die Reise geht, oder als Passagiere mitfahren.

Vor allem müssen wir uns bewusst machen, dass wir alles haben, außer Zeit. Warten Sie also nicht, bis auch der Letzte mitbekommen hat, dass es Zeit ist zu handeln, warten Sie nicht, bis der Kittel brennt, sondern greifen Sie vorher an. Werfen Sie Ihre alten Bedenken, Erfahrungen, Gewohnheiten und Überzeugungen auf den Müll, falls Sie diese noch in der Vergangenheit festhalten. Werfen Sie auch alte Werte wie Beständigkeit und Sicherheit über Bord und wappnen Sie sich mit neuen Werten wie Freiheit und Agilität für die Zukunft. Und machen Sie sich klar, dass uns klassische Kompetenzen, wie z.B. fachliches Know-how und Spezialisierung, nicht mehr unbedingt weiterbringen in der Zukunft. Ich erkläre Ihnen auch warum. Was bringt der Versuch, *Watson* und Co mit Know-how schlagen zu wollen? Glaubt man IBM, so ist z.B. *Watson* in der Lage, in 15 Sekunden die Symptome von einer Million Krebspatienten zu vergleichen. Aber nicht nur das. Parallel liest er noch 10 Millionen Finanzberichte und dazu noch 100 Millionen Produkthandbücher. In 15 Sekunden. Wie wollen wir da mithalten?

Wir müssen anders ansetzen.

Aber bitte springen Sie jetzt nicht los, um sich für den nächstbesten Social-Media-Kurs anzumelden. Auch wenn Ihnen alle einreden wollen, dass Sie ohne Social Media und Wissen über die digitale Welt keine Chancen mehr haben. Das ist es nicht, was ich meine. Denn Social-Media-Accounts einrichten und programmieren, das werden später sowieso irgendwelche Maschinen für uns erledigen. Die gute Nachricht: Es gibt etwas, das Maschinen nicht für uns erledigen können.

Werden Sie nicht die bessere Maschine

Stellen Sie sich vor, Sie betreten eine Rechtsanwaltskanzlei, werden von *Alexa*, der freundlichen Roboter-Dame, empfangen und Ihre Personalien werden erfasst. Wollen Sie danach tatsächlich mit einem Roboter über Ihren kommenden Gerichtsprozess reden, vor dem Sie so viel Angst haben? Und was ist, wenn Sie demnächst in ein Autohaus gehen und alle Details Ihres Lieblingsmodells von einer freundlichen Maschine präsentiert bekommen? Würden Sie bei der Maschine kaufen oder hätten Sie trotzdem gerne den Verkäufer, der Ihnen das Gefühl gibt, genau die richtige Entscheidung getroffen zu haben und auch in Zukunft immer für Sie da zu sein? Maschinen sind super, um Fakten und Informationen zu transportieren. Sie können uns in vielem unterstützen, aber sie können uns nicht ersetzen. Denn sie haben eine Sache nicht: Gefühle. Und Gefühle sind das, was uns letztendlich steuert. Aus der Hirnforschung weiß man, dass das Gefühl, das limbische System, das erste und letzte Wort hat. Das Gefühl erzeugt in uns Wünsche, Pläne und Absichten. Das Gefühl bringt uns zum Handeln oder zum Unterlassen, nicht unsere Ratio. Und damit sind wir bei dem, was Maschinen nicht können: Beziehungen knüpfen. Menschen intuitiv steuern und andere Menschen beeinflussen.

Wir haben also zwei Möglichkeiten in Zukunft. 1. Wir tummeln uns in den gleichen Gefilden wie Maschinen und versuchen, da mitzuhalten. Das heißt, wir versuchen, besser zu sein als *Watson, Alexa* & Co. Dabei werden wir verlieren müssen. 2. Wir tummeln uns da, wo wir einzigartig sind, wo wir nicht vergleich- und austauschbar sind und wo wir wirklich gebraucht werden. Dabei werden wir gewinnen.

Das Groteske ist, dass in den meisten Unternehmen und Organisationen genau gegenteilig agiert wird. Da wird sich dort getummelt, wo Mitarbeiter verlieren müssen. Mitarbeiter sollen mehr und mehr wissen, fehlerfreier werden, schneller, belastbarer, druckresistenter usw. Oder anders ausgedrückt: Es wird versucht, aus Menschen die besseren Maschinen zu machen. Damit werden sie in einen Kampf geschickt, den sie nicht gewinnen können. Wir können nun mal nicht in 15 Sekunden die Symptome von einer Million Krebspatienten vergleichen. Wir können auch nicht in KI-Geschwindigkeit die immer größer werdenden Datenmengen analysieren, interpretieren und dann fehlerfrei in ein Prognosekonzept umwandeln. Und wir können nicht innerhalb von kurzer Zeit 42 Dimensionen einer Persönlichkeit messen, um dann zu entscheiden, ob der Bewerber zu uns und der Stelle passt, oder nicht. Was wir aber können, ist, den Krebspatienten auf seinem Weg durch die Krankheit zu begleiten. Was wir können, ist, das Prognosekonzept der Zielgruppe zu präsentieren und sie von uns und unserer Strategie zu überzeugen. Und was wir können, ist, unsere Menschenerfahrung auf die 42 Persönlichkeitsdimensionen aufzusatteln und dann zu entscheiden: wollen wir mit dem Bewerber oder wollen wir nicht?

Wir müssen den Schauplatz wechseln. Wir müssen nicht die besseren Maschinen werden, wir müssen die besseren Menschen werden. Wir brauchen nicht das bessere Fachwissen, wir brauchen die besseren persönlichen Fähigkeiten. Nicht fachliche Skills sind der Schlüssel zum *Zukunfts-Code,* sondern die Personal Skills. Und damit reden wir über Kompetenzen, für die Sie kein Digital Native, kein Musterschüler und kein Genie sein müssen.

Generation X, Y oder Z?

Bleiben wir kurz bei den Digital Natives. Ich lese immer wieder, dass die Digital Natives einen riesigen Vorteil den Älteren gegenüber hätten, die bestenfalls Digital Immigrants sind. Die sich also mühsam die Weisheiten der digitalisierten Welt angeeignet haben, aber nicht mit ihnen aufgewachsen sind. Aber das ist Nonsens. Zum einen müssen sich Digital

Brandl/Porsch: Der Zukunfts-Code

Natives erst im zweiten Schritt gegen die Älteren durchsetzen. Die Hauptmitbewerber der Jungen sind die anderen Jungen – und die sind alle Digital Natives. Das heißt, dieser vermeintliche Vorteil verpufft, da ihn alle haben. Sie alle sind in dieser digitalisierten Welt groß geworden. Sie sind mit Facebook und Co aufgewachsen und müssen nicht googlen, was ein Influencer ist. Keiner sticht also aus der Masse heraus. Zum anderen heißt Digital Native nicht automatisch Digital Profi. Klar weiß die junge Generation, wie sie ihre Bilder bei Instagram hochlädt, wie man Snapchat benutzt und was der Unterschied zu Wickr ist. Aber deshalb ist sie noch lange nicht in der Lage, die Digitalisierung auch erfolgreich für ihr eigenes Leben zu nutzen.

Ein schönes Beispiel, wie selbst ein Digital Native an der üblichen Technik scheitern kann, habe ich erst letztens bei meinem Friseur erlebt. Es ist ein trendy Laden in Berlin, in dem trendy Leute arbeiten. Fast alle rekrutieren sich aus der Generation Y. Ich kam in den Laden und vor mir saß eine völlig verzweifelte Friseurin, die über ihr neues MacBook gebeugt war und versuchte, ihre Daten von ihrem iPhone über die iCloud zu sichern. Sie guckte mich an und fragte: »Sag mal, kennst du dich aus? Ich bin mit der ganzen Technik und der Schnelligkeit, in der sich Dinge verändern, völlig überfordert.« Ich sage nur: Generation Y. Auch diese Generation bekommt ihr Wissen nicht automatisch, sondern muss etwas dafür tun. Genauso wie ich, die zur älteren Gattung, der Generation X, gehört. Die Panikmache, dass die Generation Y automatisch die Gewinnerin auf dem Arbeitsmarkt wäre, ist also totaler Blödsinn. Jede Generation hat etwas, womit sie der anderen über- oder unterlegen ist. Gleich, in welcher Generation Sie geboren sind, wir alle leben in ein und derselben Welt und müssen mit der voranschreitenden Technisierung und den damit verbundenen Veränderungen zurechtkommen. Und wir alle haben nur eine Chance, wenn wir in Zukunft auf die richtigen Skills setzen. Unsere Personal Skills.

Personal Skills – Ihr Rüstzeug für die Zukunft

Personal Skills, was ist das eigentlich? Vielleicht denken Sie jetzt etwas wie: »Na klar, mal wieder so ein neuer Trend. Gestern waren es die Social Skills, heute sind es die Personal Skills.« Stimmt, Sie haben Recht. Es ist ein Trend. Ein Trend ist aber nichts anderes als eine besonders nachhaltige Entwicklung. Und »trendy« sein bedeutet demzufolge, sich der Entwicklung anzupassen. Das ist doch besser, als ihr ständig nachzulaufen, oder?

Aber in vielen Bereichen laufen wir ihr nach, der Entwicklung. Denken Sie mal an Ihre Schulzeit zurück. Was haben Sie gelernt? Was für Fächer hatten Sie? Und was lernen unsere Kinder heute?

An Unterrichtsfächern hat sich nicht wirklich viel verändert, oder? Und wie sieht es mit unserem Leben aus? Da hat sich eine Menge verändert, oder? Wie passt das zusammen? Sie schicken doch heute auch keine Brieftaube mehr, wenn Sie eine Nachricht von A nach B bringen wollen, sondern senden eine E-Mail. Warum werden unsere Kinder dann sprichwörtlich gesehen immer noch im Umgang mit Brieftauben fit gemacht?

Dieses Der-Zeit-Hinterlaufen betrifft nicht nur die Schule. In der Ausbildung und an den Universitäten sieht es nicht anders aus. In Unternehmen übrigens auch nicht.

Da erlebe ich, bezogen auf die Weiterbildung, auch immer wieder das Gleiche: Produktschulungen über Produktschulungen, gepaart mit fachlicher Weiterbildung, ein paar Werte-Seminaren und einem Crash-Kurs in Social Skills. Das war's. Und damit sind wir nicht in der Zukunft, wir sind nicht in der Gegenwart, sondern in der Vergangenheit. Klar ist Sozialkompetenz wichtig. Es war lange *das* Schlagwort in der Personalentwicklung der meisten Unternehmen. Verständlich, denn als »Sozial-Monk« kommst du heute nun mal nicht mehr weit. Könnte man denken. Auf der anderen

Seite habe ich häufig erlebt, dass auch Menschen ohne jede Sozialkompetenz oft und sehr erfolgreich ihre Ziele erreichen. Sozialkompetenz ist also offensichtlich nicht der sichere Weg zum Erfolg, als der er so oft dargestellt wird.

Verstehen Sie mich bitte richtig: Ich bin ein Fan von sozialer Kompetenz und würde mir oft mehr davon wünschen, aber es braucht eben mehr als das! Neben der sozialen Kompetenz ist persönliche Kompetenz gefragt. Das Individuum an sich rückt zunehmend in den Fokus. Mit allem, was dazu gehört. Nur eine »starke« Persönlichkeit wird in der Lage sein, sich sozial so zu verhalten, dass sie in der disruptiven, sich ständig verändernden Umwelt der Zukunft 4.0 erfolgreich überleben kann. Denn wenn du plötzlich ohne Job dastehst, wenn die Rente, für die du die letzten Jahre mühsam eingezahlt hast, plötzlich weg ist, wenn deine Ausbildung plötzlich keinen mehr interessiert und wenn du nochmal komplett von vorne anfangen musst, schaffst du das nur als starke Persönlichkeit. Bist du das nicht, zerbrichst du.

Wenn immer mehr Maschinen in unsere Arbeitswelt Einzug halten, braucht es den Menschen zunehmend stärker als personelle, emotionale und interaktive Schnittstelle. Maschinen führen aus, aber sie bewegen nicht. Sie können eine hochkomplexe Präsentation erstellen, aber diese nicht dem Expertengremium präsentieren. Zwischen all den Maschinen braucht es den Menschen, die Persönlichkeit.

Was bedeutet Erfolg?!

Bevor wir an dieser Stelle weitermachen und uns anschauen, wie Sie sich die erforderlichen Personal Skills für die Zukunft aneignen können, lassen Sie uns einen kurzen Exkurs in Richtung Erfolg machen. Ich habe oft darüber geredet, wie wir »erfolgreich« werden oder es bleiben. Damit meine ich aber nicht, dass Sie Millionär werden müssen. Oder die

Managerkarriere einschlagen sollen. Oder es wichtig ist, dass Sie die nächste Karrierestufe erklimmen. Was Erfolg bedeutet, entscheidet jeder für sich allein. Erfolg ist nicht »müssen«, er ist »wollen«. Erfolg bedeutet, dass wir das Leben so leben, wie wir uns das wünschen. Dass wir unsere (Lebens-)Pläne und (Lebens-)Visionen verfolgen und auch erreichen, und dabei ist es völlig egal, ob es sich um berufliche, soziale, materielle oder private Ziele handelt.

Alles beginnt bei uns als Persönlichkeit. Wir sind das Zentrum unserer Zukunft. Unsere Persönlichkeit entscheidet, was passiert. Nicht die anderen, nicht Maschinen und nicht die Umstände. Unsere persönliche Kompetenz ist unser Steuerungsinstrument durch die Zukunft 4.0 und damit die Grundlage des P.o.w.e.r.-Prinzips. Und das Gute ist: persönliche Kompetenz kann jeder und jede von uns lernen.

Plötzlich ist alles anders

»Na super, und wo kann ich persönliche Kompetenz lernen? Und überhaupt: Wenn das so wichtig ist, wieso lernen wir das dann nicht in der Schule?« Diese Frage stellte mir kürzlich ein Teilnehmer. Und die Frage ist berechtigt. Genauso berechtigt wie die Frage, wieso alle in der Politik immer noch darüber reden, wie wir unsere Renten sichern, anstatt darüber, wie wir es erst mal bis ins Rentenalter schaffen.

Warum das so ist? Ganz einfach. Keiner ist gerne der Buhmann. Wir Deutschen können viel, aber wir können nicht mit Unsicherheiten, Fehlern und Veränderungen umgehen. Wer stellt sich also gerne vorne hin und verkündet, dass ab morgen alles anders ist und die soziale Hängematte zum Cyber-Moloch mutieren wird? Wer prophezeit gerne, dass künftig alle vor sich hinsiechen werden, die nicht rechtzeitig die Verantwortung für sich und ihr Leben übernehmen? In einem Staat, der das Hängematten-System erfunden hat und in dem jeder erwartet, dass er aufgefangen wird, wird lieber das gemacht, was man schon immer gemacht hat: verdrängt und ein Nebenkriegsschauplatz gesucht. Reagiert wird erst, wenn das Kind in den Brunnen gefallen ist. Erst, wenn es jeden Tag eine Lufthansa gibt, die ihr Personal ersetzen will und der Mäuseaufstand tobt, dann wird reagiert. Es ist ja auch viel einfacher, erst einmal zu ignorieren und jedem, der den Mund aufmacht und sich mit dem Thema beschäftigt, die Kompetenz abzusprechen. Denn wo kommen wir da hin, wenn jeder etwas zu unserer Zukunft zu sagen hat. Schließlich haben wir ja nicht »Disruption« an einer anerkannten Uni studiert. Wie können wir uns da anmaßen, über dieses Thema reden zu wollen?

Dabei ist es gar nicht so schlimm. Wir brauchen niemanden, der uns an die Hand nimmt und in die Zukunft führt. Das können wir allein. Wir brauchen auch keine Schulen oder Universitäten mehr, die uns die erfolgsrelevanten Dinge beibringen. Sogar das können wir selbst. Denn ein weiterer entscheidender Vorteil unserer Zeit ist, dass wir uns mithilfe des World Wide Web alles erforderliche Know-how selbst besorgen können. Früher war das undenkbar.

Fragen wir doch unsere Eltern, wie es war, wenn sie nicht zur Schule gehen konnten. Damit waren sie zwangsläufig auf der Loser-Spur. Heute aber bleibt niemandem (zumindest in Mitteleuropa) mehr der Zugang zu Bildung versagt. Theoretisch könnten wir jederzeit auf alles Wissen der Welt zugreifen und es uns zunutze machen.

Ich gebe Ihnen ein Beispiel. Meine Mutter ist mittlerweile über 70. Sie nutzt ein Handy und schreibt E-Mails, aber das war es mit dem Eintauchen in die digitalisierte Welt. Meine Mutter erzählte mir bei meinem letzten Besuch, dass sie und ein Bekannter sich beim Mittagessen die Köpfe zermartert hätten, wer denn den Buchdruck erfunden hätte. Ob ich das wisse. Nein, das wusste ich nicht. Zumindest noch nicht. Ich zückte mein Handy und dann wusste ich es: Obwohl es Letterdruck schon lange zuvor in Korea und China gegeben hatte, schreibt man die Erfindung einem wichtigen Innovator namens Gensfleisch zu. Die Stadt Gutenberg erinnerte sich seiner anlässlich einer Weltausstellung und verleibte sich ihn praktisch ein, sodass seitdem die Erfindung einem »Herrn Gutenberg« zugeschrieben wird. Bildungslücke geschlossen. Meine Mutter war sprachlos über die Einfachheit, mit der Dinge zu lösen sind. Das war in ihrem Weltmodell noch nicht vorgekommen. Sie wäre in die Bibliothek gefahren und hätte Bücher gewälzt, um die Antwort zu finden.

Dieses einfache Beispiel zeigt, was die Begriffe Digitalisierung, Disruption und Zukunft bedeuten: Die Dinge werden einfacher. Und schneller. Und stressfreier. Niemand hindert uns daran, dass Beste aus der Zukunft zu machen. Das Einzige, was wir wirklich tun müssen, ist: umdenken und handeln.

Wo bleiben wir?

Wir haben uns mit der Industrialisierung und allem, was dazugehört, immer mehr vom individuellen zum universellen entwickeln lassen. In der Schule geht es nicht um die Entwicklung der individuellen Talente jedes Einzelnen, sondern um das universelle Wissen, das jeder zu lernen hat. Und das zieht sich durch. Weiterbildungsmaßnahmen per Gießkanne sind an der Tagesordnung, egal ob in Universitäten, Ausbildungen, oder unternehmensinternen Weiterbildungsmaßnahmen: Es wird gelernt, was auf den Tisch kommt. Mitarbeiter entwickeln sich damit zunehmend weiter von sich selbst weg und zu einem angedachten Idealbild hin. Aber dieses geplante Idealbild gibt es in Zukunft nicht mehr, denn die Zukunft ist alles, aber nicht mehr planbar und damit nicht ideal.

Wieso heucheln wir aber unseren Kindern immer noch vor, dass es dieses Idealbild gibt? Mir blutet stets das Herz,

Brandl/Porsch: Der Zukunfts-Code

wenn ich jungen Studenten und Studentinnen zuhöre, wie sie darüber diskutieren, was sie mit ihrem Studium alles erreichen können. Wieso informiert sie keiner, dass dieser Ansatz sie ins Aus führt? Dass es sein kann, dass es den Beruf, für den sie sich heute entschieden haben, morgen vielleicht nicht mehr gibt?

Die Wahl eines Studienfachs entscheidet heute nicht mehr über Erfolg oder Misserfolg. Es ist der Student an sich, es ist seine Persönlichkeit und seine Fähigkeit, sich immer wieder neu zu erfinden und die Bereitschaft, stets das Beste aus sich und der Situation zu machen. Wenn wir nicht damit aufhören, bei jungen Menschen falsche Erwartungshaltungen zu wecken, werfen wir mit unserem Bildungssystem einen Großteil dieser jungen Generation den Wölfen zum Fraß vor.

Anstatt immer mehr theoretisches Wissen in uns hineinzuschaufeln, das künftig nur noch in der Theorie Verwendung findet, sollten wir lieber das lernen, was uns in Zukunft weiterbringt. Und dafür sind wir ab heute selbst verantwortlich. Darauf zu warten, dass andere – der Staat, der Chef, das Unternehmen usw. – sich darum kümmern, käme einem Selbstmord auf Raten gleich.

Das, was uns in Zukunft weiterbringt, sind unsere individuellen Talente. Wir müssen nicht zu universellen Wissensmaschinen werden, sondern zu Persönlichkeiten, auf die niemand verzichten möchte. Wir brauchen auch nicht versuchen, gegen Maschinen anzutreten, das wäre verlorene Energie. Wir müssen mit ihnen gemeinsam in die Zukunft gehen. Erfolg wird künftig nicht mehr der haben, der das weiß, was alle wissen, oder der so ist wie alle anderen. Oder wie die anderen ihn haben wollen. Dann wäre er nur die schlechtere Maschine. Erfolg wird der haben, der seine individuellen Talente und Fähigkeiten so gut wie möglich nutzt und unermüdlich an ihnen arbeitet. So nützlich früher Angepasstheit auch war – heute braucht es Eigenständigkeit, Talent und Authentizität.

Stellen Sie sich vor, Sie benötigen dringend einen Kredit. Sie haben Ihre Unterlagen bei Ihrer Hausbank, bei der Sie seit über 20 Jahren Kunde sind, eingereicht und warten händeringend auf die Entscheidung. Ihr Telefon klingelt, *Watson* ist am Ende der Leitung und verkündet Ihnen mit monotoner Stimme, dass Ihr Anschlussdarlehen leider nicht bewilligt wurde und in dem Zusammenhang auch gleich Ihre Kreditlinie gestrichen wurde. Wollen Sie so eine Nachricht von einem Roboter hören? Nicht wirklich, oder? Da wünschen wir uns doch lieber den emphatischen Berater, der uns an die Hand nimmt, über diese schweren Zeiten hinweghilft und mit uns jenseits der Regularien nach einer kreativen Lösung sucht. Oder möchten Sie mit einer Maschine Ihre Hochzeit planen und über die Farben der Deko mit einem künstlichen Wesen diskutieren, das Sie mit großen, starren »Augen« anschaut? Nein, wir bevorzugen den Hochzeitsplaner unseres Vertrauens. Der mit uns fühlt, mit uns begeistert ist und der mit uns träumt. Dass eine Maschine danach allerdings sämtliche am Markt vorhandenen Angebote prüft, diese mit unseren Wünschen abgleicht und uns innerhalb von einigen Minuten die besten drei Angebote präsentiert, dagegen haben wir aber nichts, oder? Vermutlich haben wir genauso wenig dagegen, wenn eine Maschine uns vor einem lästigen Gerichtsprozess alle Präzedenzfälle und Verfahrensstrategien mit entsprechenden Wahrscheinlichkeiten präsentiert. Am Tag vor Gericht haben wir dennoch lieber unseren Anwalt dabei. Menschen und Maschinen – beide haben ihre Berechtigung, nur jeder auf seiner eigenen Spielwiese.

Und plötzlich haben wir viel mehr Zeit

Die Dinge ändern sich und damit entsteht ein völlig neues Miteinander. Außerdem entstehen komplett neue Möglichkeiten und Chancen. Wenn wir wollen, können wir plötzlich

Dinge erreichen, die uns vor zehn Jahren noch völlig unmöglich erschienen. Den durch die Ausbildung oder das Studium vorgegebenen, geraden Lebensweg gibt es nicht mehr. Zukünftig gibt es zig Abzweigungen und Querstraßen, die wir nehmen können. Ohne Abi Millionär werden? Ohne Studium erfolgreicher Unternehmer? Als Beamter plötzlich Visionär? All das waren doch früher Hirngespinste, die wir belächelt haben. Und wenn es doch mal einer geschafft hat, war das einfach Zufall oder es ging bestimmt nicht mit rechten Dingen zu.

All diese Hirngespinste sind jetzt möglich und werden zukünftig zur Normalität gehören. »Vom Tellerwäscher zum Millionär« gewinnt damit eine völlig neue Bedeutung.

Ich habe kürzlich mit meiner Freundin über ihre älteste Tochter gesprochen. Sie war gerade erfolgreich durchs Abitur geflogen und anstatt es im nächsten Jahr erneut zu versuchen, verweigerte sie den Schulbesuch komplett. So lange, bis sie endgültig von der Schule geschmissen wurde. Das war es dann mit ihrem Abi. Und in den Augen meiner Freundin war es das auch mit ihrer Zukunft. Wie sollte aus dem Kind noch etwas werden? »Wer stellt sie denn ein, ohne Abi, Katja?« Ich guckte sie an und fragte: »Was, wenn sie gar nicht angestellt werden will?« Wumms, da war es erst mal ruhig. Vor ein paar Jahren hätte ich meiner Freundin Recht gegeben. Aber heute?

Es gibt belastbare Studien über die Zukunft des amerikanischen Arbeitsmarktes, die davon ausgehen, dass 72 Prozent aller Jobs in Zukunft auf Freelance-Basis sein werden. Wahrscheinlich wird diese Entwicklung nicht ganz so stark nach Europa schwappen, aber spurlos vorbeigehen wird sie an uns nicht. Warum sollten sich kompetente Menschen an einen einzelnen Auftraggeber (Arbeitgeber) binden, der sie gängelt, wenn sie ihre Leistungen jederzeit selbst vermarkten können? Und für jene, die etwas zu bieten haben, ist diese Perspektive durchaus verlockend, schließlich kassieren sie nicht nur den Arbeitslohn, sondern auch das, was der Arbeitgeber aufschlagen würde. Jeder, der schon einmal sein Auto in einer Werkstatt hatte und sich über die Stundensätze der Mechaniker wunderte, wird wissen, was wir meinen.

Wir leben in einer Zeit, in der Teenies über ihren YouTube-Kanal als Influencer mehr Geld verdienen als ihre Eltern. In der neue Berufe entstehen und alte komplett verschwinden. Natürlich gab es auch in der Vergangenheit immer wieder Berufe, die es plötzlich nicht mehr gab. Wir reden heute aber nicht nur vom Wegfall einzelner Berufe, sondern vom Zerfall kompletter Strukturen in der Arbeitswelt. Wenn aus Angestellten plötzlich selbstständige Freelancer werden, wenn die klassische Hierarchie plötzlich durch lean management oder Holacracy ersetzt wird und Teams sich selbst organisieren, wenn aus Abteilungen plötzlich abteilungsübergreifende agile Teams werden und wenn das Büro plötzlich zum Homeoffice wird, bedeutet das Umdenken und Umlernen auf ganzer Linie. Warum sollte in so einer Zeit eine Festanstellung noch das große erstrebenswerte Ziel sein? Heute haben wir einen Zustand, von dem unsere Vorfahren nur träumen konnten: Jeder Mensch kann sich von heute auf morgen neu erfinden. Auch wenn der folgende Satz von vielen Motivationsgurus und Tschakka-Predigern oft ausgereizt wurde, jetzt bekommt er einen neuen Stellenwert: Wir können nahezu alles erreichen.

Erfolg und Freiheit

Stellen Sie sich vor, Sie haben noch nie in Ihrem Leben eine Präsentation gehalten. Und es zählt nicht zu Ihren Stärken, sich vor Hunderte Menschen zu stellen und diese zu überzeugen. Am Abend kommt Ihr Chef zu Ihnen und sagt: »Wir haben in zehn Tagen die Chance, unser neues Konzept zu präsentieren. Ich möchte, dass Sie das machen.« Was hätten wir früher gemacht? Außer in Panik zu verfallen? Old-schoolmäßig wären wir in die Bibliothek gerast oder hätten uns überlegt, welcher unserer Freunde oder Kollegen uns bei diesem Vorhaben helfen könnte. Heute geht das Ganze schneller: Wir brauchen nicht mehr in die Bibliothek laufen und wir brauchen auch nicht mehr darauf zu hoffen, dass jemand für uns Zeit hat. Heute heißt es nur: Rein ins Internet. Wir geben »Präsentieren lernen« bei Google ein, vielleicht schieben wir noch »Umgang mit Lampenfieber« hinterher und dann bekommen wir alles, was wir wissen möchten. Wenn wir es richtig gut machen wollen, gucken wir noch bei YouTube, welche Videos es dazu gibt und haben damit gleich den praktischen Bezug. Okay, das stimmt nicht ganz. All das ist Theorie. Wir könnten all diese Dinge tun, die Möglichkeiten sind da. Aber nutzen wir sie auch? Ich erlebe bei vielen Menschen immer noch diese Konsumentenhaltung, nach dem Motto: »Und wer sorgt jetzt dafür, dass ich es kann?« Die Antwort der Zukunft darauf ist: Wir! Veränderungen, neue Aufgaben und Eigeninitiative werden unsere ständigen Begleiter sein, in dieser neuen Welt. Zukünftig wird es sogar noch besser. Zukünftig müssen wir vielleicht kein Trockentraining mehr machen und vor dem Spiegel oder unseren geplagten Freunden präsentieren üben, sondern wir schnappen uns die Maschine unseres Vertrauens und üben mit ihr. Die Möglichkeiten werden immer mehr. Wir müssen sie nur auch nutzen. Richtig angewandt und umgesetzt bietet diese neue Welt also verdammt viele Möglichkeiten.

Ich habe vor einiger Zeit ein Training für eine deutsche Bank abgehalten. Eine Frage an meine Teilnehmenden lautete, was ihnen ihren Arbeitsalltag als Berater schwer macht. Sie können jetzt selbst kurz überlegen, was Ihnen das Leben schwer macht. Von den Teilnehmenden kamen Aussagen wie:

- ▶ die ganze Bürokratie,
- ▶ dass alles immer schneller gehen muss,

- die vielen behördlichen Auflagen,
- immer mehr Informationen,
- Druck,
- die sich ändernde Kommunikation und das Miteinander usw.

Egal, wem ich diese Frage stelle, im Endeffekt kommen immer die gleichen Antworten. Alles ändert sich, alles wird stressiger und alles wird mehr. Nicht nur in einer Bank. Auch ein Softwarehaus hat mit mehr Bürokratie, mehr Informationen, härterem Wettbewerb, steigendem Zeitdruck usw. zu tun. Aber stellen wir uns diese Faktoren doch mal mit dem Einsatz von künstlicher Intelligenz vor. Plötzlich sitzen *wir* nicht mehr da und füllen diese lästigen Formulare aus, das überlassen wir *Watson* & Co. Sämtliche Organisations-, Vorbereitungs- und Nachbereitungsprozesse, die uns unendlich viele Ressourcen rauben, werden uns abgenommen. Wir können uns um das kümmern, wofür wir eigentlich da sind. Den Kunden beraten etwa, wenn wir beim Beispiel der Bank bleiben. Sie können ja mal »spinnen« und überlegen, wo und in welchem Umfang Sie gerne einen künstlichen Helfer hätten.

Umstellen – aber bitte richtig!

Maschinen und Co können uns also dabei helfen, Freiräume zu schaffen. Aber nur, wenn wir es richtig anstellen und jeder das Beste aus sich macht. Sowohl Mensch als auch Maschine. Und wenn jeder in seinem Kompetenzbereich bleibt.

Das passiert leider in der Praxis immer noch viel zu selten. Nehmen wir Callcenter. Früher, also in der guten alten Zeit, hat man Callcenter-Agenten dafür ausgebildet, Kunden am Telefon zu gewinnen. Sie lernten, wie sie potentielle Kunden binden, auf Einwände reagieren, die richtigen Fragen stellen usw. Heute, in der technisierten Welt, übernimmt

KI den Gesprächsleitfaden nebst Einwandbehandlung. Je nach Einwand des Kunden wirft die Maschine eine vorformulierte Antwort aus und der Agent muss sie nur noch ablesen. Einfach oder? Aber völlig am Ziel vorbei. Klar kann KI lernen. Und klar ist KI bestimmt schneller in der Lage, alle möglichen Antwortalternativen abzuwägen als ein Agent und kann so die statistisch erfolgreichste auswählen. Aber mal ehrlich: Braucht es uns dann überhaupt noch? Die Maschine könnte doch gleich den kompletten Job übernehmen, oder?

Ja, es braucht uns noch! Aber eben anders als in der Vergangenheit. Es braucht uns in der Zukunft nicht, wenn wir uns weiter mechanisieren lassen und stupide Antworten vom Monitor ablesen. Falls Sie schon jemals das Vergnügen hatten, von einem Callcenter angerufen zu werden, wissen Sie: Es macht meist echt keinen Spaß zuzuhören. Abgelesene, runtergeratterte Leitfäden, genervte oder gelangweilte Floskeln, die sich mit hilflosem Gestammel abwechseln, wenn mal eine Frage außerhalb der Reihe kommt. Das nervt, und dafür braucht es keinen »echten« Menschen. Ruft uns jemand auf diese Art an, hören wir doch schon nach den ersten Worten gar nicht mehr zu, oder? Der arme Wicht am anderen Ende der Leitung braucht nur ein paar typische Worte sagen, die ihn als Agenten outen, und wir machen dicht. Wir nutzen die erstbeste Gelegenheit, in der Regel die erste Atempause, um uns aus diesem Gespräch zu verabschieden. Was aber, wenn derjenige am anderen Ende der Leitung tatsächlich wichtige Infos für uns hätte? Wir lassen ihm durch diese mechanisierten Gesprächsabläufe keine Chance. Und uns auch nicht.

Stärken stärken
Stellen Sie sich die gleiche Situation – Sie werden von einem Callcenter angerufen – nun mal anders vor. Ihr Telefon klin-

gelt, am anderen Ende ist kein mechanisierter Mensch, sondern gleich eine Maschine. Der einzige Job der Maschine ist es, Ihnen wichtige Informationen zu geben, zu Ihrem Handyvertrag, Ihrer gebuchten Reise, wozu auch immer. Sie wissen, dass es nur um Infos geht. Sie wissen auch: Es folgt kein Versuch, Ihnen etwas zu verkaufen. Kein aufdringlicher Typ, der Sie schlecht ausgebildet zu etwas drängen will, das Sie nicht wollen. Die Maschine gibt Ihnen Informationen, pure Informationen, die Ihnen weiterhelfen können oder auch nicht – und dann ist Schluss. Sie wissen jetzt, dass Sie die Möglichkeit haben, bei Ihrer gebuchten Reise ein Upgrade dazu zu buchen. Sie wissen es, können es aber (noch) nicht kaufen. Sie lassen die Information erst mal sacken und stellen fest, dass Sie das Thema wirklich interessiert. Sie wollen mehr. Und jetzt, an dieser Stelle, möchten Sie jemanden, der sich nur mit Ihnen und Ihren Wünschen befasst. Jetzt möchten Sie kein Schema-F-Programm. Sie wollen nicht die Information, sondern die Emotion. Sie stellen also einen Rückrufwunsch ein. Mit einem Berater. Mit einem Menschen. Aber jetzt *wollen* Sie den Kontakt. Er wurde Ihnen nicht aufgedrängt. Können Sie sich vorstellen, dass diese Vorgehensweise effizienter ist? Für Sie *und* den Agenten? Denn auch er weiß jetzt: Sie *wollen* mit ihm reden. Auf einmal haben Sie jemanden in der Leitung, bei dem Sie gleich spüren: Er hat richtig Spaß an seinem Job. Der leiert nicht seinen Leitfaden herunter, sondern will mit Ihnen sprechen. Er hat Spaß hat an dem Telefonat, will Ihnen helfen und ist zu 100 Prozent von dem überzeugt, was er tut. Können Sie sich vorstellen, dass das Gespräch auf einmal viel angenehmer ist? Aber nicht nur das, es führt auch zum Ziel.

Darum geht es in unserer Zukunft! Wir müssen uns auf das konzentrieren, was uns unterscheidet, anstatt zu versuchen, uns gleichzumachen. Wir müssen uns mit den richtigen Werkzeugen ausrüsten. Und genau das machen wir jetzt!

Brandl/Porsch: Der Zukunfts-Code

Ihr Zukunfts-Code: Mit P.O.W.E.R. ins Ziel

So viel steht mittlerweile fest: Wir haben uns unsere eigene Konkurrenz geschaffen und müssen nun damit klarkommen: Wenn der Mensch etwas nicht tun will, macht es zukünftig eben die Maschine.

Was können Sie also tun – und müssen Sie sogar tun –, um in dieser digitalen Welt zu überleben und erfolgreich zu sein? Wie schaffen Sie es, trotz aller Mechanisierung nicht ersetzt, sondern sogar noch mehr gebraucht zu werden? Diesen Fragen gehen wir jetzt auf den Grund.

Stellen Sie sich vor, Sie kaufen sich ein neues Gerät, das Sie zuvor noch nie in der Hand hatten. Es wird geliefert, allerdings ohne Bedienungsanleitung. Was machen Sie? Wenn Sie so strukturiert sind wie ich, die Bedienungsanleitungen grundsätzlich ignoriert, probieren Sie einfach munter drauflos, was passiert. Das Ergebnis ist absehbar: Ein paar Dinge werden funktionieren und bei anderen werden Sie gnadenlos scheitern. Genauso wird es Ihnen in der Zukunft gehen, wenn Sie ohne Bedienungsanleitung in diese neue Ära starten. Daher bekommen Sie jetzt den ersten Teil Ihrer Bedienungsanleitung an die Hand: Ihre ersten fünf Schlüssel des *Zukunfts-Codes* nach dem P.O.W.E.R.-Prinzip.

P.O.W.E.R. steht für:
P.   Perspective
O.   Origin
W.   Why
E.   Emotions
R.   Relationship

Legen wir los mit Ihrem ersten Schlüssel.

Der 1. Schlüssel: P wie Perspective – Setzen Sie sich Ihre Zukunftsbrille auf!

»Eigentlich weiß ich ja, was zu tun ist, aber ...« Sätze wie diese höre ich oft. Wir wissen, was wir theoretisch tun müssten, machen es aber trotzdem nicht. Ich glaube, jeder war schon einmal in einer Situation, in der es ihm so erging. Wissen ist nun mal nicht gleich machen. Und damit stellen wir uns selbst ein Bein, denn wir scheitern in Zukunft nicht an fehlendem Wissen, wir scheitern an fehlendem Tun. Das Tun wird die Herausforderung der Zukunft werden. Wir können es uns in Zukunft nicht mehr erlauben, abzuwarten, zu hadern, zu bedenken, zu zweifeln oder darauf zu hoffen, dass uns jemand zum Erfolg trägt. Wenn wir nicht handeln, handeln Maschinen. Wenn wir nicht funktionieren, funktioniert *Watson*. Wenn wir nicht wollen, will jemand, der das Spiel der Zukunft verstanden hat.

Zeit wird künftig zu einer der wichtigsten Ressourcen. Wie wichtig, sehen wir heute schon im Silicon Valley, der Ideenschmiede Kaliforniens. Das Silicon Valley ist die Heimat von zahlreichen Start-up-Firmen und internationalen Technologieunternehmen. Und hier ist Zeit einer der wichtigsten Erfolgsfaktoren. Aber nicht nur die Zeit ist wichtig, auch das richtige Scheitern ist wichtig. Auf ein realisiertes Projekt kommen 100 gescheiterte. Wer damit nicht klarkommt, wird gnadenlos überrannt. Ideen werden auf den Markt geschmissen, und das im Rekordtempo. Es wird getestet, was funktioniert, und was nicht funktioniert, wird über Bord geworfen. Derjenige, der wartet, verliert. Großes Grübeln und Planen ist nicht gefragt. Zweifeln schon gar nicht. Wer das Spiel nicht versteht, fliegt raus.

Okay, das ist das Silicon Valley. Es ist verdammt weit weg, könnte man denken. Man könnte aber auch denken: Wann schwappt das Ganze zu uns nach Deutschland? Wie viele Jahre oder Monate haben wir noch, um uns darauf vorzubereiten?

Stellen Sie sich vor, Sie würden in so einer Arbeitsumwelt zurechtkommen müssen. Sie würden für ein Unternehmen arbeiten, von dem Sie nicht wüssten, ob es in einem Monat noch existiert. Sie wüssten nicht, wer Ihr Gehalt morgen bezahlt und ob es überhaupt bezahlt wird. Scheitern, Ungewissheit und Misserfolge würden zu Ihrem Alltag gehören. Sie hätten auch niemanden mehr, dem Sie die Verantwortung in die Schuhe schieben könnten, wenn etwas schiefläuft. Denn auf einmal ist jeder verantwortlich. Würden Sie diese Vorstellung lieben?

Mit einem »typisch« deutschen Mindset vermutlich nicht. Wir sind nun mal nicht die Meister im spontanen Handeln, Umgehen mit Scheitern und Unsicherheiten und im Eingehen von Risiken. Wir haben lieber erst einen genauen Plan, ehe wir handeln. Wir prüfen ihn dann von allen Seiten, und wenn wir sicher sind, dass er funktioniert, legen wir los. Und nun auf einmal soll das alles anders sein? Keine Sicherheit mehr? Keine Planbarkeit? Kein Zurückgreifen auf die guten alten Erfahrungen? Freiwillig Niederlagen in Kauf nehmen? Das hat uns niemand beigebracht. Der »typische Deutsche« rennt weg vor so viel Unsicherheit. Aber wer in Zukunft vor Veränderungen wegrennt, wird gefressen.

Spannenderweise rennen die Menschen im Silicon Valley nicht weg. Sie lieben genau diese disruptiven Dinge, diese Schnelligkeit und diese Veränderung. Warum?

Weil Sie eine andere Perspektive auf all das haben. Für sie sind Pleiten, Scheitern und Fehlversuche nichts Schlimmes. Und erst recht sind Pleiten und Scheitern nicht das Ende von etwas. Für die Menschen im Silicon Valley gehört all das zum Erfolg dazu. Die Pleite von heute ist der Anfang von etwas Neuem von morgen.

Die entscheidende Frage ist: Welches Mindset, welche Perspektive hat in Zukunft mehr Aussicht auf Erfolg?

Ich glaube, wir sind uns einig: In Zeiten der Zukunft 4.0 mit der Angst-Brille durch das Leben zu laufen und nach Sicherheit und Planbarkeit zu suchen wäre genauso irrwitzig, wie mit dem Fahrrad auf die Autobahn zu fahren und am besten gleich den linken Fahrstreifen anzupeilen. Der Crash wäre vorprogrammiert. Wir müssen die Zukunft durch eine andere Brille sehen als die, mit der wir die Vergangenheit gesehen haben. Wir müssen lernen, die richtige Perspektive einzunehmen.

Ja, aber ...

Wie sieht sie nun aus, diese Zukunftsbrille? Welcher Fokus steuert uns erfolgreich durch die Zukunft?

Schauen wir uns erst mal an, welcher Fokus genau das nicht tut. Und das ist der Problemfokus. Den erkennen Sie relativ schnell, denn er fängt in der Regel immer mit den gleichen beiden Worten an.

Menschen im Problemfokus lieben diese beiden Worte: »Ja, aber ...«

»Das ist ja richtig, was Sie sagen, aber ...«,
»Das kann man ja so sehen, aber ...«,
»Wir können das ja mal probieren, aber ...«

Brandl/Porsch: Der Zukunfts-Code

Keine Ahnung, wie oft ich Sätze wie diese schon gehört habe. Sie kennen solche Situationen vermutlich auch, oder? Sie sind begeistert, Sie sagen etwas und das Erste, was zurückkommt, ist: *Ja, aber* ... Und dann geht das Gelaber los. Es wird gelabert und rhabarbert, was das Zeug hält. Teilweise vergehen Stunden über so einem Laberrhabarber. Bei mir heißen diese »Ja, aber«-Sager daher auch nur noch Rhabarber. Und so großartig Rhabarber als Dessert ist, im Leben ist er Mist. Und in der Zukunft erst recht. »Ja, aber« ist der direkte Weg in die Vergangenheit. Wir sehen all das, was schiefgehen könnte. Wir ziehen unser Wissen aus der Vergangenheit zurate, transportieren es mit »Ja, aber« ins Hier und Jetzt und schwupps, ehe wir es uns versehen, haben wir den Mist der Vergangenheit in der Zukunft. Was aber, wenn die Zukunft völlig anders funktioniert als die Vergangenheit? Woher wollen wir denn wissen, dass das, was gestern noch Hirngespinst war, nicht morgen der Durchbruch ist? »Ja, aber« ist der beste Weg, Ideen, Visionen und Kreativität zu vernichten. Und nicht nur das. Wie gehen Sätze wie diese weiter?

»Ja, die Zukunft könnte Chancen bieten, aber ...«
»Ja, vielleicht wird auch alles besser, aber ...«
»Ja, man kann es grundsätzlich versuchen, aber ...!«

Worüber reden wir nach dem »Ja, aber«? Über Lösungen? Über Visionen? Über Chancen? Nein, im Gegenteil. Wir reden über Probleme. Wir starten mit »Ja, aber« und schon sind wir im Problemfokus drin. »Ja, aber, das Problem ist ...« Diese fünf Worte gehören schon fast zusammen. Und nun werden die Probleme besprochen. Was das Problem ist, wie lange es da ist, warum es da ist ... Wir zerlegen das Problem in tausend Einzelheiten. Das Beste daran ist, dass wir das sogar mit Problemen machen, die noch nicht mal da sind. Aber was soll's, wir können ja ruhig schon mal darüber reden. Vielleicht kommt es ja noch, das Problem. Und wenn es tatsächlich kommt, haben wir wenigstens in der Gruppe bereits ausführlich darüber gesprochen. Das Ganze heißt dann übrigens »vorausschauendes Denken«. Das Dumme ist nur, dass wir nicht in die Zukunft 4.0 vorausschauen können. Denn sie ist nicht mehr planbar. Ich kann *heute* nicht mehr sagen, was *morgen* passiert. Die guten alten Zeiten, in denen ich wusste, »Wenn A eintritt, folgt automatisch B« sind vorbei. Es kann auch D, Y oder Z folgen.

Das Einzige, was wir mit einem Problemfokus erreichen, ist, dass wir uns die Chancen in der Zukunft nehmen und uns auch noch selbst erklären, warum es diese Chancen nie gab. Wir sezieren aktuelle Probleme, die vielleicht noch nicht mal da sind, während neue Probleme auf uns einstürmen, die wir nicht vorausgesehen haben. Ehe wir uns versehen, finden wir uns in einer Schlammlawine von Problemen wieder. Und klar sitzen wir dann da und denken: »Mein Gott, wie schwer ist sie doch diese Zukunft. Ich habe doch gewusst, dass es nicht geht.« Aber nicht die Zukunft ist schwer. Wir haben sie uns mit unserem Fokus selbst schwer gemacht. Anstatt die chancenorientierte Zukunftsbrille aufzusetzen, haben wir die problembehaftete Vergangenheitsbrille auf.

Und während wir in unseren Problemen und Herausforderungen schmoren, sitzen 5600 Meilen entfernt Menschen im Silicon Valley, die die Zukunft bei den Hörnern packen und ihre Erfolge feiern. Wem geht es wohl besser?

Wir leben alle in der gleichen Welt und der gleichen Zukunft. Aber die einen warten, debattieren und analysieren, während die anderen handeln. Im Silicon Valley sagt niemand: »Das wird bestimmt nicht funktionieren.« Es wird nicht rhabarbert, es wird gemacht. Und es wird versucht. Jeder Einzelne bekommt den nötigen Respekt und die Möglichkeit, seine Idee zu verwirklichen, so wahnwitzig sie auch sein mag.

Transportieren wir dieses Mindset doch mal zu uns nach Deutschland. Stellen Sie sich vor, zukünftig würde in Unternehmen anstatt in Problemen und Herausforderungen in Lösungen und Chancen gedacht. Jeder, der über Probleme redet, würde eine mögliche Lösung nachliefern. Aber nicht nur das. Stellen Sie sich vor, in Zukunft hätte keiner mehr Angst davor, zu scheitern oder Fehler zu machen. Im Gegenteil. Und stellen Sie sich weiter vor, jeder Einzelne im Unternehmen hätte die Chance, seine Ideen einzubringen ohne befürchten zu müssen, als Spinner oder Phantast abgestempelt zu werden. Haben Sie eine Vorstellung, was das bewirken könnte? Wir würden auf einmal von so vielen neuen Ideen und positivem Spirit umgeben sein, dass es keine externen Motivationstrainer mehr bräuchte.

Wenn Sie jetzt etwa denken sollten »Ach was, das ist ja alles unrealistisch. Nur weil ich den Fokus ändere, soll sich auf einmal alles ändern? Wie soll das denn gehen?«, sind Sie gleich in die nächste Falle getappt. »Wie soll das denn gehen?« ist die Killerfrage der Zukunft. Die Frage stellen wir uns immer dann, wenn wir abwägen wollen, ob etwas realistisch ist oder nicht. Aber was genau ist bitte realistisch? Oder unrealistisch? Realistisch bedeutet doch nur, dass wir uns etwas vorstellen können, unrealistisch, dass wir das nicht können. Für unsere Eltern waren selbstfahrende Autos unrealistisch und ein Science-Fiction-Szenario. Heute ist dieses Szenario Realität. Wir leben in einer Welt, in der die Visionen von gestern heute Realität werden können.

Und damit zurück zu unserem ersten Schlüssel: Perspective. Wo sind wir mit unserem Fokus, wenn wir uns die Frage »Wie soll das denn gehen?« stellen? In der Zukunft oder in der Vergangenheit? Natürlich wieder in der Vergangenheit. Und was machen wir, wenn wir auf diese Frage keine Antwort finden? Was machen Sie, wenn Sie keine Idee haben, wie Sie Ihren Traum erreichen können? Wenn er für Sie völlig unrealistisch erscheint? Sie begraben ihn. Und tschüss. Damit nehmen Sie sich und der Zukunft alle Chancen. Denn das ist das Tolle an unserer künftigen Welt: Nur weil etwas irgendwann in der Vergangenheit mal nicht geklappt hat, müssen wir nichts mehr begraben, denn es kann sein, dass es morgen funktioniert. Doppeltes Wissen in 24 Stunden – morgen sieht die Welt wieder anders aus. Also geben Sie sich und dieser Welt auch eine Chance! Streichen Sie die Frage: »Wie soll das denn gehen?« ab sofort aus Ihrem Wortschatz. Sie passt nicht mehr. Stellen Sie sich lieber eine andere Frage. Nämlich: »Warum eigentlich nicht?« Meinen Traum erreichen? Völlig neu anfangen? Eine neue Branche erobern? Warum eigentlich nicht? Sie müssen sich erst eine Sache vorstellen können und an sie glauben, bevor Sie den Weg dahin finden. Genau dieser Glaube und dieses Vertrauen wird für viele eine der größten Herausforderungen der Zukunft. Denn das widerspricht unserem jahrelang anerzogenen, kritischen, problemorientierten Realitätsfokus.

Wie wir ticken

Machen wir einen kurzen Ausflug in unser Gehirn und schauen wir uns an, wie wir Menschen eigentlich so ticken. Was glauben Sie, wie viele Gedanken gehen Ihnen so jeden Tag durch den Kopf? Schätzen Sie mal. In einem meiner letzten Vorträge meinte ein Teilnehmer: zwei. Damit hatte er die Lacher auf seiner Seite. Es sind mehr. Es sind um die 60.000.

Nicht schlimm, denn die kriegen wir nicht mal ansatzweise mit. Ein Großteil davon ist unbewusst. Wir kriegen sie nicht mit, aber sie sind trotzdem da und steuern uns.

Falls Sie bis dato also wirklich dachten, Sie seien im Vollbesitz Ihrer geistigen Kräfte und wüssten, was Sie tun: Vergessen Sie es! Einen Großteil Ihres Lebens sind Sie via Autopilot unterwegs. Ihr Unterbewusstsein steuert Sie und damit auch Ihren Fokus. Ihr Unterbewusstsein steuert, ob Sie mit einem »Wie-soll-das-denn-gehen?«- oder mit einem »Warum-denn-nicht?«-Fokus durch das Leben laufen.

Sie können sich Ihr Unterbewusstsein wie ein Konto vorstellen, auf das jeden Tag eingezahlt wird. All Ihre Erfahrungen, alles, was Sie erlebt haben, ist dort gespeichert. Positiv wie negativ. Positive Erfahrungen sind ein Plus auf Ihrem Konto, negative Erfahrungen sind ein Minus.

Wie sieht Ihr persönliches Konto aus? Was glauben Sie? Ist es eher im Plus oder eher im Minus? Und was glauben Sie, wie sieht das Konto der meisten Menschen aus? Wir brauchen nur den Fernseher anzuschalten, ins Internet zu gehen oder die Zeitung aufzuschlagen, dann haben wir die Antwort. Wir werden mit Minus überschüttet. Wir werden quasi in den Problemfokus getrieben. Und damit haben wir das Problem.

Mal ehrlich, ist es wirklich schlimm, zu scheitern? Ist es schlimm, Fehler zu machen? Oder ist es schlimm, gekündigt zu werden? Für viele ja, für einige nicht. Und genau da müssen wir zukünftig ansetzen. Nicht die Umstände, nicht *Watson* & Co und nicht die Digitalisierung sind die Probleme der Zukunft. Das Problem ist, wie wir diese Umstände bewerten.

Max bleibt dreimal sitzen, fliegt durch das Abitur und macht anschließend eine Lehre. Was meinen Sie, wie sieht sich Max? Und wie sehen ihn viele andere? Als Loser. Schlimmstenfalls speichert Max all diese Erfahrungen als negativ ab und lernt: Wenn du nicht so bist, wie die Gesellschaft es von dir erwartet, bist du nichts wert. Das genau dieser Lebensweg Max aber auch dahin führen kann, ein erfolgreicher Unternehmer, Erfinder, Entwicklungshelfer oder Vorstand zu werden, sehen die wenigsten. Vermutlich nicht mal Max selbst. Aber wir haben jeden Tag die Chance, unserem Leben eine komplett neue Richtung zu geben. Wir müssen es nur sehen und wollen. Aber da wird es schwierig.

Wir haben unsere Leitplanken im Leben. Wir glauben zu wissen, was gut und was schlecht ist und daran orientieren wir uns und fällen unsere Bewertung. Sitzenbleiben ist schlecht, durch das Abi fliegen erst recht. Also versagt. Einen anderen Fokus lassen wir nicht zu. In unserem Arbeitsalltag ist es nicht anders. Auch hier haben wir unsere Leitplanken. Angestellt ist sicher, selbstständig heißt Risiko. Angestellt heißt Befehle ausführen, selbstständig heißt, das tun können, was man will. Befördert werden ist gut, gekündigt werden schlecht usw. Sie können ja mal überlegen, was Ihre persönlichen beruflichen Leitplanken sind. Was bedeutet für Sie Ihr jetziger Job? Was ist eine Grenze, die Sie nicht zu überschreiten wagen? Was »macht man nicht«? Wo haben Sie zuletzt »versagt«?

Und jetzt überlegen Sie mal, Sie hätten diese Leitplanken nicht. Sie würden all das, was Sie bis dato als negativ bewerten, plötzlich positiv sehen. Sie haben nicht versagt, weil Sie das Projekt in die Fritten gefahren haben. Sie haben einfach das Ziel noch nicht erreicht. Es gibt auf einmal kein »Das kann ich nicht« mehr, sondern nur noch ein: »Lass es mich mal versuchen.« Leitplanken geben uns Halt und Orientierung. Das ist das Gute. Aber Sie nehmen uns auch die Freiheit und Kreativität und damit die Möglichkeit, etwas komplett anders zu machen. Sie halten uns brav in der Spur. Und das ist die Krux dieser Leitplanken für uns und die Zukunft: Leitplanken, die uns in der Vergangenheit geholfen haben, können uns in Zukunft im Weg stehen. Sicherheitsstreben bringt uns nun mal nicht weiter in einer Welt, in der es keine Sicherheit mehr gibt. Das Bauen auf Erfahrungen gleicht in einer Zukunft, die nicht mehr vorhersehbar ist, einem Bauen auf Sand.

Wer künftig an alten Gewohnheiten festhält, bleibt in der Vergangenheit kleben. Wenn wir unseren Fokus ändern wollen, müssen wir zunächst unsere Bewertungen ändern. Wir brauchen neue Leitplanken im Leben. Solange eine Pleite für uns keine Chance ist, den Lebensweg neu zu beschreiten, sondern das Problem, gesellschaftlich versagt zu haben, werden wir nie den Schritt in eine neue Herausforderung wagen. Solange ein abgebrochenes Studium keine Chance ist, endlich zu wissen, was man wirklich will und sich auf seine Talente zu konzentrieren, sondern das Problem, dass man es nie zu etwas bringen wird, werden wir uns immer wieder selbst im Weg stehen.

Die Zukunft entsteht im Kopf

Haben Sie schon mal etwas gedacht wie: »Hoffentlich geht das nicht schief« und dann ist genau das passiert? Es ging schief?

Der Mechanismus dahinter ist simpel: Wenn wir Probleme sehen, werden wir sie bekommen. Wenn Sie die Bananenschale sehen, auf der Sie ausrutschen könnten, werden Sie genau auf diese treten. Wenn Sie beim Italiener Spaghetti mit Tomatensoße bestellen und denken: »Lass jetzt bitte nicht diese Soße auf mein weißes Hemd ...«, passiert genau das. Unser Handeln folgt nun stets unserem Fokus. Versuchen Sie doch mal, nach links zu schauen und nach rechts zu laufen. Das funktioniert ebenso wenig, wie den ganzen Tag Probleme zu wälzen und dann zu erwarten, dass Sie die Lösung finden. Wenn ich im Rhabarber-Modus in Richtung Zukunft unterwegs bin und denke, wie schwer, hart und ungerecht doch alles ist, werde ich den leichten Weg nicht sehen. Wenn ich denke, Digitalisierung, Disruption und Roboter machen mir das Leben noch schwerer, werde ich die Chancen, die diese Phänomene mit sich bringen, nicht erkennen. Und was ich nicht erkenne, kann ich nicht ergreifen.

Es gab Zeiten in meinem Leben, in denen ich gedacht habe, Erfolg ist das Ergebnis harter Arbeit. »Katja, Erfolg bekommt man nicht geschenkt«, mit diesem Satz bin ich groß geworden. Die Folge war: Wenn es einen einfachen Weg gab und einen schwierigen, habe ich den einfachen gar nicht gesehen. Ich sah den schwierigen, bin ihn gegangen und habe gedacht: Okay, Erfolg ist hart. Dabei war nicht der Erfolg hart, sondern mein Fokus hat den Weg dahin für mich hart gemacht.

Hinter all dem steht das mächtigste Zukunftsgesetz, das ich kenne: Die Macht der Erwartung. Zukunft beginnt bei unseren Gedanken. Unsere Gedanken entscheiden, was wir wahrnehmen. Pro Sekunde prassen elf Millionen Sinneseindrücke auf uns ein. Elf Millionen. Die können wir gar nicht alle wahrnehmen. Wir nicht, *Watson* und Co vielleicht irgendwann schon. Was wir wahrnehmen, entscheidet unser Autopilot. Und der wiederum wird von unseren Erfahrungen gesteuert.

Kennen Sie das? Sie wollen sich ein neues Auto kaufen, befassen sich tagtäglich mit Ihrer Entscheidung, überlegen noch, welche Farbe, welche Extras usw. Und mit einem Mal sehen Sie um sich herum nur noch dieses Auto. Egal, ob Sie auf dem Weg zur Arbeit sind, auf der Autobahn, wo auch immer. Ihr neues Auto verfolgt Sie. Ihre Gedanken entscheiden, was Sie wahrnehmen. Ihre Wahrnehmung steuert Ihr Verhalten, und Ihr Verhalten ist verantwortlich für das Ergebnis. Und damit wissen Sie jetzt, wie Erfolg in Zukunft funktioniert. Übrigens auch Misserfolg: Sie bekommen, was Sie erwarten. Wenn Sie Probleme erwarten, werden Sie diese bekommen. Wenn Sie denken, Sie werden es schwer haben in Zukunft, werden Sie es auch schwer haben.

Sie wissen jetzt nicht nur, wie Erfolg funktioniert, sondern auch, was Sie tun können, damit Ihre Zukunft so erfolgreich wird, wie Sie sie haben wollen: Erwarten Sie das von der Zukunft, was Sie kriegen wollen! Programmieren Sie Ihren Autopiloten um und machen Sie ihn – und damit sich – zukunftsfähig.

»Na, der hat aber Glück.« Oder: »Wenn ich in der Situation wäre, dann hätte ich auch …« Kennen Sie solche Aussagen? Vergessen Sie Gedanken wie diese. Die wenigsten sind mit dem goldenen Löffel auf die Welt gekommen. Sie leben bzw. lebten unter den gleichen Rahmenbedingungen wie andere. Aber es gab und gibt einen Unterschied zwischen den Glücksrittern und Pechvögeln. Sie haben unterschiedliche Gedanken.

Die goldene Fokus-Regel – ändern Sie Ihre Gedanken

Was Ihnen auch immer in Zukunft um die Ohren fliegen mag, hadern Sie nicht mit dem Schicksal. Verschwenden Sie keine Energie damit, sich über das, was Sie umgibt oder was Ihnen gerade das Leben schwer macht, aufzuregen. Überlegen Sie auch nicht, warum das *so* ist und nicht anders, ob das gerecht ist oder nicht usw. Sparen Sie sich zeit- und energieraubende Diskussionen, warum man all diese künstliche Intelligenz erschaffen musste, wie schön das Leben doch früher war. All das bringt Sie nicht weiter. KI ist da. Wir leben heute und nicht gestern. Überlegen Sie nicht, warum eine Situation da ist, überlegen Sie lieber, wie Sie das Beste aus ihr machen können. Überlegen Sie nicht, warum Sie in eine Situation hineingeraten sind, sondern machen Sie sich lieber Gedanken darüber, wie Sie wieder herauskommen.

Versuchen Sie nicht, die Umstände zu ändern, ändern Sie Ihre Gedanken! In dem Moment, in dem Sie das tun, ändern Sie das Ergebnis und damit Ihre Zukunft. Zukunft funktioniert nicht im Problemfokus, zumindest nicht erfolgreich. Programmieren Sie also Ihren Autopilot um – von Problem auf Lösung. Von »ja, aber ...« zu »warum denn nicht ...?«.

Nutzen Sie dafür meine »*Goldene Fokus*«-*Regel*. Sie führt Sie in sieben Schritten zum richtigen Fokus und hilft Ihnen dabei, die Zukunft mithilfe der richtigen Brille zu sehen.

1. Finden Sie Ihre wunden Punkte!
   Solange wir im Autopilot-Modus unterwegs sind, steuern nicht wir unser Leben, sondern wir werden gesteuert.

Ist unser Autopilot auf Problemsuche eingestellt, steuert er uns in Richtung Probleme. Klar können wir uns jetzt nicht jede Situation »schöndenken« und es gehört dazu, auch mal »Scheiße!« zu brüllen und in Problemen und Selbstmitleid zu versinken. Aber eben nur manchmal. In den wirklich relevanten Dingen und Situationen haben wir nur eine Chance: Wir müssen uns bewusst sein, was wir denken und von Autopilot auf Selbststeuerung schalten. Lassen Sie uns doch die Vorteile, die wir als Menschen haben, nutzen. Wir sind eben nicht wie ein Computer davon abhängig, dass man uns programmiert. Wir können uns selbst programmieren. Wir müssen nicht ausführen, was andere sagen. Wir müssen nur das ausführen, was wir selbst denken. Auch wenn wir zu dieser Freiheit und Eigenständigkeit (noch) nicht erzogen werden, ist es doch das, was uns Menschen ausmacht. Also lassen Sie uns diese Karte spielen.

Das heißt konkret: Erstellen Sie zuerst Ihre Problemliste. Machen Sie sich eine Liste mit Dingen,

a) die Sie belasten,

b) die nicht so laufen, wie Sie das gerne hätten,

c) die Sie ändern wollen,

d) vor denen Sie Angst haben und

e) die Sie mit der Zukunft verbinden.

Im Anschluss notieren Sie Ihre Gedanken zu den einzelnen Punkten. Schreiben Sie alles auf, was Ihnen dazu einfällt. Völlig egal, ob positiv oder negativ.

2. Akzeptieren Sie, was Sie nicht ändern können!

Schauen Sie sich nun Ihre Antworten zu a), b), c), d) und e) noch einmal an, und zwar unter dem Gesichtspunkt: »Was davon kann ich beeinflussen und was nicht?« Alles, was nicht in Ihrem Einflussbereich liegt, streichen Sie durch. Sich mit diesen Dingen zu befassen, wäre verschwendete Energie.

Ich gebe Ihnen ein Beispiel: Wenn ein zukünftiges Business z.B. davon abhängig ist, wie bestimmte Gesetze verabschiedet werden, können Sie das nicht beeinflussen. Ob Sie die längst überfällige Gehaltserhöhung bekommen oder nicht, das können Sie aber beeinflussen, auch wenn Sie (noch) nicht wissen wie.

3. Finden Sie für jede Herausforderung eine Lösung!
Übertragen Sie nun alle Punkte, die in Ihrem Einflussbereich liegen, auf einen neuen Zettel. Übertragen Sie auch Ihre Gedanken zu diesen Punkten. Der Zettel, den Sie jetzt in der Hand halten, ist Ihr Schlüssel für eine erfolgreiche Zukunft. Denn hier steht alles drauf, was Sie abhält und antreibt, in Zukunft erfolgreich zu werden. Nehmen Sie sich jetzt jeden einzelnen Punkt, einen nach dem anderen, vor. Wenn Sie vor einem Problem stehen, überlegen Sie, wie eine mögliche Lösung dafür aussehen könnte. Schreiben Sie Ihre Idee auf. Finden Sie für jeden negativen Gedanken, den Sie zu den einzelnen Punkten aufgeschrieben haben, ein positives Bild. Übertragen Sie, wenn Sie mit all dem fertig sind, Ihre positiven Gedanken und Lösungen wieder auf ein neues Blatt. Das sind jetzt Ihre neuen Leitplanken im Leben.
Wenn Ihre alte Leitplanke zum Beispiel war: »Ich habe Angst, nicht mehr mithalten zu können in Zukunft«, könnte eine neue Leitplanke sein: »Ich werde alles dafür tun, mich so fit zu machen, dass keiner an mir vorbeikommt.« Wenn eines Ihrer Probleme in der Vergangenheit war: »Ich gebe oft zu schnell klein bei«, dann ist Ihre neue Leitplanke jetzt: »Man kann alles lernen. Und ich werde lernen, wie ich nie wieder zu früh nachgebe.«
Nehmen Sie nur mal diesen einen Satz. Stellen Sie sich vor, Sie wachen morgens auf und denken: »Ich habe Angst, nicht mehr mithalten zu können in Zukunft.« Wie geht es Ihnen damit? Was für eine Energie haben

Sie? Und nun stellen Sie sich vor, Sie wachen morgens auf und denken: »Ich werde alles dafür tun, mich so fit zu machen, dass keiner an mir vorbeikommt.« Wie fühlen Sie sich jetzt? Die Situation hat sich nicht geändert. Was sich geändert hat, ist Ihre Bewertung der Situation. Und damit wird sich Ihr Handeln ebenfalls ändern.

4. Hören Sie nicht auf!

Gehörten Sie auch zu den Kindern, die stundenlang an einem Puzzle gesessen haben, um es fertig zu bekommen? Oder die so lange ihren Eltern in den Ohren lagen, bis sie endlich das Eis bekommen haben, auf das sie so sehnsüchtig spekuliert haben? Mein erster Chef meinte mal zu mir: »Hartnäckigkeit hilft.« Und damit hatte er Recht. Wir werden im Leben nur etwas erreichen, wenn wir hartnäckig bleiben. Wenn wir nicht bei dem kleinsten Widerstand das Handtuch werfen. Und das gilt auch für Ihre Zukunft. Ich verspreche Ihnen eines: Es wird nicht leichter werden, es wird anders werden. Und es wird verdammt gut werden, wenn Sie bereit sind, den Preis dafür zu bezahlen. Hinfallen und Aufstehen werden zu unserem Leben gehören. Also: Bleiben Sie hartnäckig! Bei allem was Sie tun. Auch bei der Erstellung der Goldenen Regeln, Ihrer neuen Leitplanken. Wenn Ihnen spontan keine Lösungen oder positiven Bilder einfallen – nicht schlimm! Legen Sie die Zettel beiseite. Aber nicht für immer. Bleiben Sie so lange dran, bis Sie Ihr Ziel erreicht haben.

5. Steuern Sie sich selbst!

Manchmal müssen wir uns selbst überlisten. Was auch passieren mag in Ihrer Zukunft, lassen Sie es nicht zu, dass Ihr Autopilot Sie wieder in Richtung Probleme steuert. Denn genau das wird er tun. Wenn Sie heute schon von rechts und links mit Mist vollgestopft werden, wird das in Zukunft nicht weniger werden. Im Gegenteil. Alles dreht sich immer schneller und damit kommt auch der Mist schneller auf uns zu. Lassen Sie diesen Müll nicht die Oberhand gewinnen. Nehmen Sie Ihre neuen positiven Leitplanken aus dem dritten Schritt der *»Goldenen-Fokus«*-Regel und lesen Sie sich diese jeden Morgen beim Frühstück laut vor. Zahlen Sie bewusst positive Dinge auf Ihr Konto ein, wenn Sie von negativen Dingen umgeben sind. Wenn Sie einmal angefangen haben, Ihren Autopiloten umzuprogrammieren, können Sie auf einmal Berge versetzen und Dinge, die Ihnen bis dato noch unmöglich schienen, werden auf einmal greifbar. Aus Angst vor dem Scheitern wird plötzlich der Mut zur Veränderung. Aus Abwarten und Zögern wird plötzlich Handeln und Angreifen. Und genau diesen positiven Aktionismus braucht es in Zukunft.

Wenn Sie nicht wollen, dass Sie fremdgesteuert in die Zukunft starten, müssen Sie sich selbst steuern. Entscheiden Sie bewusst, welche Informationen Sie an sich heranlassen. Natürlich kann ich mich abends vor den Fernseher setzen und danach denken: Mein Gott, geht es mir gut (im Vergleich zu den anderen). Ich kann mir auch sämtliche Negativmeldungen in der Presse reinziehen und mich darin bestätigen lassen, wie hart das Leben doch ist. Ich kann mich via Internet und Dokusoaps in virtuelle Scheinwelten bewegen und mir einbilden, das wäre das Leben. Das ist auch das Leben, aber vermutlich nicht das Leben, das Sie leben wollen. Lassen Sie sich trotz aller Digitalisierung nicht in die Irre führen. Trennen Sie die reale Welt von der Scheinwelt. Lassen Sie sich nicht von den Medien und all ihren Begleiterscheinungen instrumentalisieren, sondern bleiben Sie ein Mensch, der sein Schicksal selbst in die Hand nimmt. Trotz aller Roboter und virtuellen Scheinwelten findet das Leben immer noch zwischen Menschen statt.

6. Erwarten Sie, dass es funktioniert!

Dieser vorletzte Schritt ist der kürzeste, aber dafür mit der effektivste. Glauben und erwarten Sie, dass es funktioniert. »Warum denn eigentlich nicht?«– Machen Sie diesen Satz zu Ihrem wichtigsten Leitsatz in der Zukunft. Erwarten Sie, dass die Dinge, die Sie sich vorgenommen haben, auch funktionieren. Zweifeln Sie nicht. Selbst wenn es nicht sofort klappen sollte oder Sie Rückschläge einstecken müssen, seien Sie immer zu 100 Prozent davon überzeugt, dass Sie es trotzdem schaffen. Ihr Glaube ist der stärkste Motor, den Sie auf Ihrem Weg durch die Zukunft haben.

7. Nutzen Sie die Digitalisierung!

Rezepte auf Pinterest, den Traumpartner bei Parship, den Intelligenztest bei Google, neue Freundschaften auf Facebook, den Job via LinkedIn. Wir nutzen Algorithmen, künstliche Intelligenz und digitale Medien in den unterschiedlichsten Lebensbereichen. Dann lassen Sie uns diese doch auch für unseren Zukunftserfolg nutzen. Noch nie war Wissen so leicht und schnell verfügbar wie heute. Wir müssen es nur abrufen. Wenn Sie z.B. im dritten Schritt noch nicht für alle Punkte Lösungen gefunden haben, schauen Sie doch mal im World Wide Web nach Antworten. Wenn Sie vor einer Herausforderung stehen, schauen Sie, wie andere diese Herausforderung gelöst haben. Wenn Sie sich weiterbilden wollen, reservieren Sie sich jeden Tag 30 Minuten und lernen Sie virtuell. Holen Sie sich all das Wissen, das Sie brauchen, um erfolgreich zu sein. Fokussieren Sie bewusst die Aspekte der Digitalisierung, die Ihnen dabei helfen, Ihre Ziele zu erreichen. Den Rest blenden Sie aus.

Der 2. Schlüssel: O wie Origin – Sei du!

Kommen wir zum zweiten Schlüssel, Ihrer Originalität, Ihrer Authentizität. Wir haben schon viel über *Watson* und Co geredet. Was ist nun der größte Unterschied zwischen uns und den Maschinen? Klar, dass wir Menschen sind, Individuen. Der Begriff Individuum bedeutet so viel wie: »Unteilbares«, »Einzelding« oder ein »einzelnes Seiendes«. Wir sind jeder für uns einzeln und einzigartig. Mit unserer eigenen Persönlichkeit, unserem eigenen Charakter und unseren eigenen Talenten. Die Frage ist: Setzen wir all das auch ein? Machen wir das Beste aus unserer Persönlichkeit, unseren Fähigkeiten und Talenten?

Lassen Sie uns anschauen, warum genau das so wichtig ist. Früher hatten Unternehmen Ihren USP, Ihre Unique Selling Proposition. Ihr Alleinstellungsmerkmal. Und heute? Heute ist der USP so gut wie tot. In Zukunft wird er das komplett sein. Produkte und Dienstleistungen sind dank der Technik immer austauschbarer und vergleichbarer geworden. Der Versuch, ein einzigartiges Produkt zu kreieren und damit das Alleinstellungsmerkmal in der Zukunft zu haben, ist ein sinnloses Unterfangen. Denn wie lange wollen wir diesen Vorsprung aufrechterhalten? Morgen hat doch längst ein anderer nachgezogen.

Unternehmen, die versuchen, am Markt aufgrund Ihres USPs zu punkten, werden verlieren. Der Vorsprung durch Ressourcen ist vorbei. Das zukünftige Kapital der Unternehmen sind die Mitarbeiterinnen und Mitarbeiter. Genauer gesagt, die Talente der einzelnen Mitarbeiter. Je mehr individuelle Talente vorhanden sind, umso schneller, agiler, komplexer und flexibler kann ein Unternehmen reagieren. Insofern brauchen wir uns wirklich keine Gedanken machen über unsere Zukunft, denn wir sind die Zukunft. Wenn wir es nicht vermasseln und auf das falsche Pferd setzen.

Wir vermasseln es dann, wenn wir so weitermachen wie bisher. Bisher haben wir ebenso wie die Unternehmen auf unseren USP, auf unsere Leistungsmerkmale, gesetzt. Wir glaubten, wer die besten Noten hat, das beste Abi, den besten Studienabschluss, die meisten Zusatzqualifikationen, das beste Know-how usw., der ist vorne im Bus. Und genau das funktioniert in Zukunft nicht mehr. Denn Wissen und Know-how kann KI auch. Denken Sie nur an unseren Medizinstudenten Xiaoyi. Aber das ist nur ein Beispiel für mechanisches Know-how. Japan hat bereits 2009 die erste Roboter-Lehrerin eingesetzt, Forscher der Uniklinik in Stanford haben eine künstliche Intelligenz entwickelt, die vorhersagen kann, wann ein Patient sterben wird und, und, und. Wenn wir nach wie vor versuchen, uns über Wissen einen Vorsprung in der künftigen Welt zu verschaffen, machen wir uns genauso vergleich- und austauschbar wie Unternehmen, die auf ihren USP setzen. Wir müssen die Richtung ändern. Nicht unser USP ist in Zukunft der Schlüssel, sondern unser UPP, unsere Unique Personal Proposition. Nicht unsere einzigartige Leistung entscheidet in Zukunft über unseren Erfolg, sondern unsere einzigartige Persönlichkeit. Und damit stehen wir vor einer neuen Herausforderung.

Wie wir uns Wissen und Know-how aneignen, wie wir unsere Leistungsmerkmale weiterentwickeln, das haben wir gelernt. Wie sieht es aber mit unserer Persönlichkeit aus? Wo lernen wir, wie wir das Beste aus uns herausholen können? Wo lernen wir Dinge wie Menschenkenntnis, Umgang mit Niederlagen und Selbstverantwortung? So gut wie nirgends. Oder hatten Sie in der Schule das Fach: »Persönliche Talententwicklung«? Oder in der Uni den Studiengang: »Kritisches Denken«? Oder in Ihrer Weiterbildung den Kurs: »Kreativität und Flexibilität«? Die Weiterentwicklung unserer Persönlichkeit überlassen wir meist dem Zufall oder dem Leben.

Oder noch schlimmer: Wir vernichten sie sogar, indem wir uns um alles kümmern, bloß nicht um uns.

In der Schule funktioniert Weiterbildung immer noch nach dem Gießkannenprinzip. Wir lernen alle das Gleiche und wir werden darauf konditioniert, unsere Schwächen zu beseitigen, anstatt unsere Stärken zu fördern. Wir investieren immens viel Zeit und Energie darauf, uns von einer 5 in Mathe auf eine 4 zu steigern. Aber wofür? Wir werden niemals wirklich gut in Mathe, das ist nun mal nicht unser Talent. Warum sollen wir uns also damit so intensiv befassen und dadurch riskieren, dass unsere wirklichen Talente auf der Strecke bleiben? Professor Hengstschläger aus Wien hat es auf den Punkt gebracht. Mit dieser Gleichmacherei und Schwächenbeseitigungs-Strategie entwickeln wir keine Talente, wir züchten damit Durchschnitt. Und Durchschnitt braucht es nicht in der Zukunft.

Wir müssen zuallererst bei unserer Persönlichkeit ansetzen, wenn wir Erfolg haben wollen. Und das Wichtigste an einer Persönlichkeit ist ihre Authentizität.

Be true

Was meinen Sie, sind Sie authentisch?

Stelle ich diese Frage in meinen Seminaren, kommt meist ein spontanes: »Ja, klar bin ich das.« Frage ich weiter, wer sich in vertrauter Umgebung, also in seinem privaten Umfeld oder mit Freunden, anders verhält als im Business, melden sich auch fast alle. Wie passt das zusammen? Wo sind wir denn nun authentisch? Im Business oder privat?

Natürlich können Sie denken: »Na, das ist doch normal, dass man privat anders ist als im Geschäft.« Aber: Wer sagt das? Und woher wissen wir das so genau? Und wenn es so ist, haben wir dann zwei authentische Gesichter? Ein privates und ein berufliches?

Ich stelle immer wieder fest, wie stark Menschen sich verändern, wenn sie plötzlich in einem professionellen Kontext sind. Sie verhalten sich dann nicht mehr so, wie sie

»eigentlich« sind, sondern so, wie sie denken, dass es von ihnen erwartet wird. Die Sprache wird geschwollener, die Körperhaltung verspannter, der Gesichtsausdruck beherrschter, die Inhalte fachlicher, die Bewegungen steifer usw.

Wenn Sie wissen wollen, ob und wie stark Sie sich im Business verändern, können Sie das leicht feststellen. Nehmen Sie sich doch mal selbst auf. Das nächste Mal, wenn Sie telefonieren oder ein Gespräch mit einer Kundin oder einem Kollegen führen, lassen Sie einfach Ihr iPhone mitlaufen. Und in einer ruhigen Minute hören Sie sich das Ganze an und fragen Sie sich: »Bin ich das?«

Ich muss Sie übrigens vorwarnen. Es ist nicht immer angenehm, einen Spiegel vorgehalten zu bekommen. Doch es lohnt sich. Wenn Sie mutig sind, dann spielen Sie das Band auch noch Ihrem Partner oder Ihren Freunden vor und fragen Sie sie, ob die Sie erkennen. Die Praxis zeigt oft erstaunliche Ergebnisse. Da erkennt der eigene Mann plötzlich seine Frau nicht wieder. Ist das der richtige Weg, seine Persönlichkeit weiterzuentwickeln?

Wir haben es vermutlich alle schon mal erlebt, dass wir auf einen bis dato für uns völlig fremden Menschen getroffen sind und sofort auf einer Wellenlänge waren. Dass wir schnell eine Beziehung aufbauen konnten, uns wohlfühlten und unserem Gegenüber vertrauten. Wir kennen aber vermutlich auch alle das Gegenteil. Wir treffen auf jemanden, der nett ist und freundlich, aber irgendwie finden wir keinen Zugang. Wir haben keine Ahnung, woran es liegt, aber irgendetwas in unserem Bauch sagt »nein«. Wie kommt das?

Sie wissen bereits, dass wir unsere Entscheidungen a) zuerst emotional und b) unbewusst treffen. Ob wir jemanden mögen oder nicht, jemandem vertrauen oder nicht, entscheidet sich nicht im Kopf, sondern im Bauch. Und zwar innerhalb der ersten Sekunden. Es liegt also nicht daran, was derjenige sagt, den Sie das erste Mal treffen, sondern wie derjenige ist. Und damit zurück zur Authentizität. Je mehr sich jemand verstellt, je weiter er von seinem »natürlichen Ich« entfernt ist, umso eher gehen unsere Alarmglocken an. Umso eher beschleicht uns dieses Gefühl: Da stimmt doch etwas nicht.

Auf einem unserer USA-Trips hat ein Amerikaner es auf den Punkt gebracht, worin der Erfolg in erfolgreichen Beziehungen liegt. Er brauchte dafür nur zwei Worte: »*Be true.*« Der Amerikaner war David Lee Strasberg, der Leiter einer der renommiertesten Schauspielschulen der Welt, dem Lee-Strasberg-Institut. Viele internationale Schauspielgrößen haben dort trainiert. Wir wollten uns in unserer Bühnenperformance weiterentwickeln und haben das Institut für fünf Tage besucht. Am ersten Tag hatten wir das Vergnügen mit David. Diese Begegnung werde ich so schnell nicht vergessen. David betrat den Raum, guckte uns an und sagte: »Ihr habt immer nur zwei Möglichkeiten im Leben. Egal ob Ihr Schauspieler seid, Speaker oder einfach nur Mensch: Ihr zieht an oder Ihr stoßt ab. Dazwischen gibt es nichts. Und Ihr habt nur eine einzige Möglichkeit anzuziehen. *Be true.* Seid wahrhaftig.«

Ich brauchte etwas, um die Worte zu verdauen. Sie waren so einfach und doch so richtig. Bis dato hatte ich gedacht, besonders gute Schauspieler seien einfach in der Lage, die bessere Maske zu tragen, besser in ihre Rolle zu schlüpfen. An diesem Tag erfuhr ich, dass die besten Schauspieler nicht in eine Rolle schlüpfen. Die besten Schauspieler verstellen sich nicht, sie *sind* die Rolle. Sie leben und fühlen das, was sie in dem Moment sind.

David erklärte uns, dass eine Maske der einfachste Weg ist, die emotionale Bindung zwischen zwei Menschen zu unterbrechen. Er unterscheidet übrigens zwischen einer Maske, die wir bewusst tragen, und der, die wir unbewusst tragen. Und damit zurück zur Authentizität im Business und im Privaten. Wenn Sie sich völlig bewusst sind, welche Maske Sie gerade aufhaben, und wenn Sie diese »Rolle« sind und nicht nur spielen, dann ist es okay. Dann tragen Sie diese bewusst. Das schaffen aber in der Regel nur professionelle Schauspieler, die das jahrelang trainiert haben. Wenn Sie nicht dazugehören, wenn Sie die Maske nicht sind, sondern vor sich hertragen, z.B. aus Selbstschutz, aus Angst, etwas falsch zu machen usw., dann seien Sie sich bewusst, dass sie andere abstoßen. Ob Sie wollen oder nicht.

Wir können keine starke Persönlichkeit sein, wenn wir nicht authentisch sind. Und ohne Persönlichkeit schaffen wir es nicht, Beziehungen zu managen. Und ohne Beziehungen werden wir nicht erfolgreich werden.

Bleiben wir noch etwas bei unserer Persönlichkeit. Das World Economic Forum ermittelte kürzlich die Top-Skills, die wir brauchen, um in der Zukunft hochbezahlte Jobs zu bekommen.

Die Top-Skills sind:
1. Complex Problem Solving
2. Critical Thinking
3. Creativity
4. People Management
5. Coordinating with Others
6. Emotional Intelligence
7. Judgement and Decision Making
8. Service Orientation
9. Negotiation
10. Cognitive Flexibility

Fällt Ihnen etwas auf? Wo steht hier Fachwissen? Oder Berufserfahrung? Oder ein lückenloser Lebenslauf? Oder ein Hochschulstudium? Ein Großteil der Skills in den nächsten Jahren betrifft unsere Persönlichkeit. Und ein Großteil der Skills umfasst Beziehungsmanagement. Das ist auch logisch. Wenn Roboter an unserer Seite sind und den faktischen und technischen Teil übernehmen, bleibt bei uns nun mal nur der menschliche hängen.

Genau dafür braucht es unsere Authentizität und Originalität. Stellen Sie sich daher immer wieder auf den Prüfstand.

Holen Sie sich Feedback und fragen Sie Ihre Mitmenschen, wie Sie auf sie wirken. Fragen Sie aber nicht nur Ihren besten Kumpel, das wäre zu einseitig. Fragen Sie Menschen, die Ihnen nahestehen, fragen Sie aber auch jemanden, mit dem Sie gar nicht können. Erst wenn Sie wissen, was für ein Bild Sie nach außen abgeben, erst wenn Sie wissen, ob die anderen Sie so wahrnehmen, wie Sie wirklich sind oder komplett anders, erst dann können Sie an sich arbeiten und Ihr Fremdbild gegebenenfalls korrigieren.

Übrigens: Authentizität ermöglicht Ihnen nicht nur, Beziehungen zu bauen, sie macht Ihnen auch das Leben leichter. Denn für jeden Zentimeter, mit dem Sie sich von sich selbst entfernen, müssen Sie immens viel Energie und Kraft aufwenden. Es kostet Kraft, eine Rolle zu spielen und diese Kraft können wir weitaus sinnvoller einsetzen. Seien Sie einfach der, der Sie sind. Auch wenn es Ihnen schwerfällt. Wir lernen von Kindesbeinen an, uns anzupassen und eine Rolle zu spielen, um leichter durch das Leben zu kommen. Wir wollen uns schützen. Aber die Zeiten, in denen das funktioniert hat, sind vorbei. Zukünftig gewinnt nicht das Chamäleon, das sich immer wieder den Situationen anpasst. Zukünftig gewinnt der Mensch, der zu dem steht, wie er ist. Wer oder was auch immer versucht, Sie zu verbiegen – lassen Sie es nicht zu. Haben Sie den Mut, Ihren Mann bzw. Ihre Frau zu stehen. Auch wenn es anfangs ungewohnt ist, aber Ihnen wird zukünftig vieles leichter fallen – vor allem wird es Ihnen leichter fallen, Ihre Power und damit Ihre PS auf die Straße zu bringen. Unauthentisch mögen Sie zwar eine gute Maschine sein, aber niemals ein guter Mensch.

Der 3. Schlüssel: W wie Why – Finden Sie Ihr »Warum«

Warum machen Sie eigentlich Ihren Job? Warum machen Sie nichts anderes? Denken Sie bitte einmal kurz über diese Frage nach. Was ist Ihre Antwort? Und falls Sie angestellt sind: Warum sind Sie bei diesem Unternehmen und nicht bei einem anderen? Nehmen Sie sich ruhig einen Zettel und schreiben Sie Ihre Antworten auf. Ich habe diese Frage kürzlich meinen Teilnehmern gestellt – gefragt, warum sie bei *diesem* Unternehmen sind und warum sie *diesen* Job machen. Die Antworten, die kamen, waren: »Weil es sich irgendwie so ergeben hat«, »Weil meine Eltern meinten, das wäre ein sicherer Job«, »Weil ich woanders abgelehnt wurde«, »Weil es damals ein renommierter Beruf war«, »Weil es hieß, das ist sicher« usw.

Ich kenne Ihre Antworten nicht, aber wenn es ähnliche sind wie die meiner Teilnehmer, ist das doch traurig, oder? Dann verbringen wir zwei Drittel unseres Lebens mit etwas, das »sich so ergeben hat«. Oder mit etwas, das unsere Eltern wollten. Oder mit etwas, weil uns Alternativen fehlten. Wie soll man so erfolgreich werden? Das wäre das Gleiche, als würden Sie Ihr Kind jeden Tag zu Klavierstunden zwingen, obwohl es lieber schwimmen gehen möchte. Irgendwann würde Ihr Kind anfangen, das Klavier zu hassen. Bei uns Erwachsenen geht es etwas gesitteter zu. Wir haben gelernt, uns zu beugen. Wir hassen nicht, wir akzeptieren – und resignieren.

Spannend ist, dass die meisten Menschen die Frage, *warum* sie etwas machen, warum sie ihren aktuellen Beruf ausführen, warum Sie in dieser Wohnung leben, warum Sie dieses und jenes tun, mit der Vergangenheit begründen. Weil das damals so und so war … aber wir leben doch im Hier und Jetzt! Wen interessiert, warum wir uns vor zehn Jahren für oder gegen etwas entschieden haben? Die Frage ist

86

doch: *Warum* machen wir das *heute*? Und nicht: »Warum haben wir uns mal entschieden?«. Irgendwie scheint uns eingebläut worden zu sein, dass wir an einer einmal getroffenen (Berufs-)Entscheidung festhalten müssen und sie bloß nicht mehr infrage stellen. Und das ist Blödsinn. Und in Zukunft auch völlig am Ziel vorbeigeschossen.

Überlegen Sie mal, wie das wäre: Sie üben einen Beruf aus, den Sie eigentlich nicht machen wollen. Oder sind bei einem Unternehmen, wo Sie mittags schon die Stunden bis zum Feierabend zählen und abends die Jahre bis zur Rente. Aber Sie halten durch, weil Sie glauben durchhalten zu müssen. Weil Sie Ihren sicheren Job nicht aufgeben wollen und das Ende auch absehbar ist. Es sind ja nur noch zehn Jahre, dann werden Sie die Lorbeeren ernten und relaxt Ihren wohlverdienten Ruhestand genießen. Und Peng! – ein paar Jahre vor Ihrem Ziel, vor Ihrer Rente, werden Sie wegdigitalisiert. Ihren Job gibt es nicht mehr. Sie stehen auf der Straße und müssen komplett neu anfangen. Also das, was Sie die ganze Zeit vermeiden wollten, ist mit einem Mal Wirklichkeit geworden. Und das, was Sie motiviert hat durchzuhalten, ist wie eine Seifenblase zerplatzt. Was hat Ihnen jetzt all das Festhalten an vermeintlicher Sicherheit, das Ertragen von Frust und das Ignorieren Ihrer wirklichen Wünsche gebracht? Nichts. Außer verschenkte Jahre.

Wir müssen akzeptieren, dass sich unser Leben in Zukunft von heute auf morgen komplett verändern kann. Das es sein kann, dass wir morgen einen Job haben, von dem wir heute noch nicht mal wissen, dass es ihn gibt. Dass wir morgen etwas können, von dem wir bis gestern noch keine Ahnung hatten. Und vor allem müssen wir akzeptieren, dass es keinen Sinn mehr hat, an irgendetwas krampfhaft festzuhalten. Je später wir uns damit anfreunden, umso schwerer werden wir uns damit tun. Wenn jemand 20 Jahre lang mehr oder weniger erfolgreich sein Dasein bei der örtlichen Sparkasse gefristet hat und plötzlich auf der Straße sitzt, weil seine Tätigkeit als Berater eine Maschine übernommen hat, wie leicht oder schwer wird sich derjenige tun, in einem völlig neuen Umfeld Fuß zu fassen und in einem Markt zu bestehen, der komplett anders tickt, als er es 20 Jahre lang gewohnt war?

Wer heute nicht rechtzeitig die Kurve kriegt und an der guten alten Zeit festhält, wird von der Zukunft überrannt und auf das Abstellgleis gestellt. Heute landen wir vielleicht mit Burn-out auf der Couch, wenn uns das alles zu viel wird. Zukünftig geht es dann direkt in den Cyber-Moloch zu den anderen Ausrangierten. Dann sitzen wir in guter Gesellschaft mit anderen Frustrierten im Wartezimmer, ordern via App unsere Wartemarken und lassen uns von unserem Cyber-Doktor Medikamente verschreiben, die uns dabei helfen, das alles zu ertragen.

Loslassen und neu denken

Wenn wir in Zukunft bestehen wollen, müssen wir den Umgang mit Veränderungen lernen und trainieren wie alle anderen Fähigkeiten auch. Und dabei hilft uns das *Warum*. Das *Warum* ist quasi unser Motor durch die Zukunft. Und den müssen wir richtig betanken.

Als Kinder sind wir mit der »Warum«-Frage groß geworden. Erinnern Sie sich? Warum ist das Wasser nass? Warum ist der Himmel blau? Warum haben Kühe vier Beine und, und, und. Kinder sind Meister in inflationären Warum-Fragen und können uns Erwachsene damit zur Weißglut treiben. Aber das, was Kinder zu viel machen, machen wir zu wenig. Je älter wir werden, desto weniger hinterfragen wir die Dinge. Manchmal hinterfragen wir noch nicht mal uns selbst. Und das ist das Erste, was wir uns in Zukunft wieder antrainieren müssen: fragen. Uns zu hinterfragen und das zu hinterfragen, was wir tun. Auch wenn wir in unserer heutigen Arbeitswelt eher lernen, Befehle zu empfangen und möglichst ungefragt das zu machen, was von uns erwartet wird, müssen wir uns diesen »Dienst nach Vorschrift« in Zukunft wieder abtrainieren. Wir müssen wieder lernen, nicht auf das zu hören, was andere sagen, sondern auf das, was wir sagen. Menschliche Entfaltung und persönliches Wachstum werden zu zentralen Erfolgsfaktoren und die werden wir nicht erreichen, wenn wir es anderen recht machen wollen. An dem Tag, an dem die erste Schule »persönliches Wachstum« in ihre Lehrpläne aufgenommen hat, mache ich eine Flasche Champagner auf. Denn dann sind wir endlich auf dem richtigen Weg. Aber noch ist es nicht so weit. Noch kleben wir an unserer Gewohnheit und unserem Pflichtgefühl fest. Und das macht es uns schwer, neue Wege zu beschreiten.

Stellen Sie sich vor, Ihr Chef würde heute zu Ihnen kommen und Ihnen verkünden, dass Sie ab Morgen einen völlig neuen Job machen. Und zwar einen, den Sie noch nie gemacht haben. Und das auch noch in einem Land, in dem Sie noch nie waren und in einer Sprache, die Sie kaum beherrschen. Was wären Ihre ersten Gedanken, wenn Sie das hören? Bei vielen würde sich sofort dieses Gefühl von Mulmigkeit bis hin zur Angst breitmachen. Sie würden sofort überlegen: »Kann ich das? Das habe ich doch noch nie gemacht. Was, wenn ich es nicht hinkriege? Und in der kurzen Zeit?« usw.

In Zukunft werden wir solche Situationen häufig erleben. Mut, loslassen von alten Dingen, sich immer wieder neu erfinden und sich verändern werden zu unserem Alltag gehören. Genauso wie die Bereitschaft, Fehler zu machen und zu scheitern. Ein Job bis zur Rente – das war einmal. Das klassische Angestelltenverhältnis – ein Auslaufmodell. Geregelte Arbeitszeiten und Rentenansprüche existieren bald nur noch auf Altpapier.

Wenn Sie also noch ein paar Arbeitsjahre vor sich haben sollten, dann freunden Sie sich am besten jetzt schon mal damit an, dass noch verschiedene Jobs, Arbeitsmodelle und unterschiedliche Unternehmen vor Ihnen liegen können. Aber all das ist nicht schlimm. Genauso wenig wie Digitalisierung schlimm ist. Es sei denn, wir machen es schlimm. Wenn wir morgens aufwachen und hoffen, dass alles so bleibt wie es ist, wenn wir in allem, was neu kommt, die Bedrohung sehen, dann wird es schlimm. Aber keiner hindert uns daran, die Zukunftsbrille aufzusetzen und die Chancen zu entdecken, die mit all dem Neuen kommen. Wir müssen erkennen, dass unser Glück nicht davon abhängig ist, ob es unseren Job in Zukunft noch gibt oder nicht, ob uns unser Unternehmen ersetzt oder nicht. Auf all das sind wir nicht mehr angewiesen. Wir können heute jederzeit etwas anderes machen, wenn wir uns richtig vorbereiten. Und wenn wir es richtig anstellen, all unsere Talente auf die Straße bringen und all unser Potential entfalten, dann müssen nicht wir um unseren Job bangen, sondern unser Chef muss um uns bangen. Er muss darum bangen, dass er uns verliert, an eine der zahlreichen Optionen, die es künftig für jeden von uns auf dieser Welt geben wird. Wir müssen die neue Welt als das sehen, was sie ist: eine Spielwiese voller Chancen, Innovationen, Kreativität, Wachstum und Freiheit.

Nehmen wir nur mal das typische Angestelltenverhältnis. Früher war es gang und gäbe – wenn ich Arbeitsleistung brauchte, habe ich sie mir angestellt. Heute ist das nicht mehr ganz so und in Zukunft wird es kaum noch so sein. Es gibt dafür einfach keinen Grund. Warum soll ich mich heute fest binden und mich für lange Zeit für etwas entscheiden, wenn ich gar nicht weiß, ob ich diese Leistung auch für lange Zeit brauche? Da nutze ich doch lieber eine der vielen flexiblen Möglichkeiten. Eine davon ist zum Beispiel das Internetportal »upwork«, auf dem Freelancer und Selbstständige flexibel ihre Arbeitskraft anbieten. Aber nicht nur sie, sondern auch klassische Arbeitnehmer, die in ihrer Freizeit noch etwas dazuverdienen wollen, sind hier zu finden. Hier kann ich als Auftraggeber mein Projekt einstellen, es detailliert beschreiben, angeben, wie viel ich dafür bezahlen möchte und festlegen, welche Kompetenzen ich konkret suche. Ich entscheide mich, ob ich auf Stundenbasis oder projektbezogen abrechnen möchte und schalte meine Inhalte frei. Nun kann ich aus Bewerbern von überall in der Welt auswählen. Am Ende bezahle ich dann, wenn die Arbeit zu meiner Zufriedenheit erledigt wurde, und gebe meine Bewertung ab. Die wiederum hilft anderen dabei, Ihre Bewerberauswahl zu treffen. Das war's. Keine Verpflichtungen, keine Gewerkschaften, keine Wehwehchen, nichts. Ich kann flexibel auf Talente weltweit zugreifen, wann ich sie brauche, so lange ich sie brauche und zu dem Preis, den ich bezahlen möchte. Wir haben einen völlig neuen Wettbewerb, der auch Abhängigkeiten und Machtverhältnisse umdreht. Auf einmal sind Arbeitnehmer nicht mehr in der Abhängigkeit und der Angst gefangen, dass sie gekündigt werden. Auf einmal müssen Unternehmen darum bangen, dass sie diese Talente an die Welt da draußen verlieren. Und damit sind wir bei dem Punkt, den wir etwas weiter oben schon hatten: Nicht wir müssen künftig um unseren Job bangen, unser Chef muss um uns bangen. Der Mensch mit seinen Talenten wird die wichtigste Ressource in Zukunft sein. Wir müssen uns dieser Macht nur bewusst werden und sie richtig einsetzen. Ihre Frage für die Zukunft kann also nicht sein: »Welcher Job ist sicher?« oder »Womit kann ich Geld verdienen?« Diese Frage kann Sie nur ins Aus führen, denn es gibt darauf keine Antworten mehr. Ihre Frage in Zukunft ist eine andere, nämlich: »Was ist mein Talent?«, »Was kann ich besonders gut?« und »Was macht mir Spaß?«

Finden Sie Ihr Talent und werden Sie darin der Beste, der Sie sein können. Es ist auch völlig egal, was das ist. So bunt und komplex wie die Zukunft werden wird, haben wir vermutlich nicht so viele Talente, wie sie die Zukunft brauchen könnte. Konzentrieren Sie sich also nur darauf, was

Sie wirklich gut können. Alles andere, was Sie nicht können, lassen Sie links liegen. Akzeptieren Sie Ihre Schwächen. Es ist weitgehend verschwendete Energie, zu versuchen, in etwas, was wir nicht können, besser zu werden. So werden wir nie über den Durchschnitt hinauskommen. Werden Sie nicht Durchschnitt, werden Sie spitze. Dann kann Sie nichts und niemand mehr aus der Bahn werfen.

Das mag sich jetzt vielleicht alles noch ungewohnt anhören, aber irgendwann werden diese neue Welt und die mit ihr verbundenen Veränderungen für uns genauso zum Alltag gehören, wie heute Sicherheit zu unserem Alltag gehört. Die Zukunft von morgen ist irgendwann nichts anderes als die Gegenwart von gestern. Alles ist immer eine Frage der Perspektive. Das Wichtigste ist, dass wir einen Halt haben in dieser neuen Welt. Und dieser Halt ist das *Warum*. Das *Warum* ist nichts anderes als unsere Wurzeln. Es hilft uns dabei, dass wir nicht aus der Bahn geworfen werden, wenn plötzlich alles neu und anders ist und uns die Dinge um die Ohren fliegen. Das *Warum* gibt uns die innere Stabilität, die wir in der Veränderungsdynamik der digitalen Welt brauchen. Und es treibt uns an, nicht aufzugeben, wenn die Zeiten mal wieder hart und turbulent werden.

Finde deine Wurzeln

Dienst nach Vorschrift, kennen Sie das? Obwohl ich mein Leben lang selbstständig war und man das irgendwie mit vermeintlicher Freiheit verbindet, war ich alles andere als frei. Ich habe das gemacht, von dem ich dachte, dass es von mir erwartet wird. Als meine Auftraggeber mich nicht mehr bezahlten, zog ich keinen Schlussstrich, aus lauter Angst vor der Schmach einer Pleite. Ich kämpfte weiter und versuchte, ein totes Pferd wieder zum Leben zu erwecken. Ich ackerte mich sieben Tage die Woche kaputt in einem Beruf, auf den ich gar keine Lust mehr hatte. Ich war jeden Morgen frustriert und unglücklich, wenn ich in mein Büro ging und abends noch frustrierter, wenn ich nach Hause kam. Ich lebte nicht mehr, ich funktionierte nur noch. Ich führte aus, was ich dachte, tun zu müssen. Heute ist mir klar: Ich musste gar nichts. Ich stand mir nur selbst im Weg mit meinen eigenen Erwartungen und Ängsten. Und vor allem hatte ich meine Wurzeln, ich hatte mich und damit mein *Warum* verloren. Zu dieser Zeit hätte ich Ihnen die Frage, warum ich morgens aufstehe, einfach beantwortet: »Weil ich muss«. Mein ganzes Leben kam mir vor wie ein einziges »Muss«. Heute ist es ein »Will«. Zu dieser Einstellung kam ich aber erst, als wahr wurde, wovor ich versucht hatte wegzulaufen – nämlich meine Pleite.

Hatten Sie schon mal richtig Bammel vor etwas und als es eintrat, war es auf einmal gar nicht mehr schlimm?

Vermutlich haben wir das alle schon mal erlebt. Dann ist die Situation da und wir fragen uns: »Und deshalb die Aufregung? Das hätten wir uns sparen können.« So erging es mir damals bei meiner Pleite. In meiner Vorstellung glich »pleite sein« einem Todesurteil, zumindest einem gesellschaftlichen. Ich malte mir die schlimmsten Dinge aus, die passieren würden. Und zugegeben, bankrott zu sein ist in Deutschland kein Spaziergang. Dir fliegt eine Tür nach der anderen vor der Nase zu und du kommst dir vor wie ein Schwerverbrecher. Aber man stirbt nicht daran. Im Gegenteil. Ich bin an meiner Pleite nicht nur nicht gestorben, ich bin an ihr gewachsen. Sie hat mich wieder zu mir selbst und zu meiner Freiheit zurückgeführt. Als der von mir so gefürchtete, immer wieder verdrängte Zustand plötzlich da war, war das Einzige, was ich gedacht habe nur: »Puh, endlich!« Ich hatte plötzlich nichts mehr zu verlieren, es war ja alles weg. Von meiner Kreditkarte über die Wohnung bis hin zum Auto – alles war futsch. Aber das war Fakt, es war Realität und hatte damit seinen Schrecken verloren. Und da habe ich das erste Mal gemerkt: Wenn es nichts mehr gibt, was du verlieren kannst, bist du plötzlich frei. Ich konnte wieder ich sein. Und vor allem konnte ich mich wieder damit befassen, was ich wirklich will. Wie ich leben will. Mein altes Leben gab es nicht mehr und ich musste, oder besser durfte, mich nun endlich damit befassen, wie mein zukünftiges Leben aussehen soll. Und genau das habe ich getan. Fragen wie »Warum stehe ich jeden Morgen auf?«, »Warum übe ich den Beruf aus, den ich ausübe?«, »Warum lebe ich so, wie ich lebe?« wurden von da an ständige Begleiter in meinem Leben.

Watson kann die Frage nach dem Warum übrigens nicht beantworten. Denn das *Warum* ist eine Emotion, die tief in uns verankert ist. Sie ist individuell und damit nicht programmierbar. Das *Warum* ist nicht nur unser Motor, es ist auch der Motor des Fortschritts. Es ist der Schlüssel zu Innovation und Kreativität. Der Treibstoff unseres Motors sind nicht unsere fachlichen Fähigkeiten, sondern unsere Träume und Visionen, die tief in uns verwurzelt sind, die uns antreiben und durchhalten lassen.

Vermutlich ist es Ihnen schon aufgefallen: Der Wert unserer Arbeit wird sich komplett verändern. Das *Was*, also unsere Qualifikationen und unsere fachliche Kompetenz und das *Wie*, also wie wir etwas tun – sind wir gewissenhaft, pünktlich, zuverlässig usw. – rücken immer mehr in den Hintergrund. Dafür rückt das *Warum*, unsere emotionale und persönliche Beziehung zu dem, was wir machen, immer mehr in den Vordergrund. Denn das *Was* und *Wie* können Maschinen auch. Was sie aber nicht können, ist, emotional zu sein. Was sie nicht können, ist, engagiert zu sein. Was sie nicht können, ist, involviert zu sein. Das *Was* und *Wie* lässt uns ausführen. Das *Warum* lässt uns Wege finden, von denen wir bis heute noch nicht mal ahnten, dass es sie gibt. Das *Was* lässt uns nach acht Stunden Arbeit den Hammer aus der Hand legen. Das *Warum* führt uns dazu, dass wir nachts noch dasitzen und das Problem lösen wollen. Das *Was* lässt uns widerwillig zu Weiterbildungsmaßnahmen gehen, auf die wir keine Lust haben. Das *Warum* treibt uns dazu an, innerlich immer weiter zu wachsen. Das *Warum* ist unser Motor in die Zukunft. Wir müssen es nur finden. Und das tun wir, in dem wir uns Fragen stellen. Die berühmten *W-Fragen*. Machen Sie es zu Ihrer Gewohnheit, das, was Sie tun und warum Sie es tun regelmäßig zu hinterfragen.

Wenn Sie nicht mehr wissen, warum Sie morgens aufstehen (und damit meine ich nicht, um Geld zu verdienen), wenn Sie nicht mehr wissen, warum Sie in Ihrer Partnerschaft sind (und damit meine ich nicht, weil Sie verheiratet sind) und wenn Sie nicht mehr wissen, warum Sie Ihr Leben so leben wie Sie es leben (und damit meine ich nicht, weil sich ein anderes nicht ergeben hat), dann haben Sie Ihre Identität und damit Ihre Wurzeln verloren. Und damit sind Sie kein Mensch mehr, Sie sind eine Maschine in einer menschlichen Hülle. Dann haben Sie den emotionalen Bezug zu sich, Ihrem Leben und Ihrem Job verloren und dann passiert Ihnen das Gleiche, was mit einem Baum passiert, wenn die Wurzeln kaputt sind. Bei der ersten Windböe reißt es Sie um. Übertragen auf den Alltag bedeutet das: Wenn Sie kein *Warum* in der Zukunft haben, werden Sie von den Herausforderungen der Zukunft umgerissen. Alles wird Ihnen unmöglich vorkommen und alle Hindernisse werden auf Sie wirken wie ein Todesurteil. Umgekehrt gilt aber: Je stärker Sie in sich selbst ruhen, je stärker Sie sich selbst vertrauen, desto weniger kann Sie aus der Bahn werfen.

Finden Sie also Ihr *Warum* und haben Sie den Mut, alles zu hinterfragen. Haben Sie den Mut, Ihre Denkweisen und Gewohnheiten komplett über Bord zu werfen. Was nicht mehr zu Ihnen und Ihrem Leben passt, das entsorgen Sie. Führen Sie nicht mehr das Leben, das Sie glauben, ausführren zu müssen, sondern gestalten Sie es neu. Halten Sie sich nicht an Pseudosicherheiten wie einem vermeintlich sicheren

Job oder einem regelmäßigen Einkommen fest. Halten Sie sich an sich selbst fest. Das ist der beste Halt, den Sie haben können. Und: Nie waren die Voraussetzungen dafür so gut wie jetzt.

Der 4. Schlüssel: E wie Emotion – Steuern Sie Ihre Emotionen!

Was meinen Sie – wer entscheidet darüber, was Sie tun? Ihr Verstand oder Ihre Emotionen? Sie kennen die Antwort natürlich, nicht zuletzt, weil ich sie schon beschrieben habe. Aber wenn ich diese Frage den Teilnehmern meiner Seminare stelle, sind sich alle einig: Das ist unterschiedlich! Die einen halten sich eher für rational und kopfgesteuert, die anderen für emotional und bauchgesteuert. Und damit läuft eine Partei in die Falle. Allerdings völlig unbewusst, denn unser Gehirn spielt uns in dem Fall einen Streich. Wir können zu 100 Prozent davon überzeugt sein, dass die Entscheidung für unser neues Auto komplett rational war. War sie aber trotzdem nicht.

Was wir auch entscheiden, vor der Ratio kommt *immer* die Emotion. Das Gemeine ist, dass wir diesen emotionalen Entscheidungsprozess nicht mitkriegen. Aber genau diese Emotionen entscheiden darüber, wie viel Power wir haben oder eben nicht haben. Es ist also nicht Ihre Vernunft, die Sie erfolgreich werden lässt in Zukunft, es ist Ihre Emotion. Es hat daher auch keinen Sinn, dass Sie sich zehn, zwanzig oder dreißig theoretische Zukunftsstrategien zu Gemüte führe. Solange Ihre Emotion nicht im Boot ist, ändert sich nichts. Ich könnte Ihnen 20 vernünftige Gründe nennen, warum die Zukunft super für Sie wird, solange Ihr Gefühl dagegen ist, verlaufen alle meine Gründe im Sande.

Kopfkino go!

Nehmen wir Sabine. Sabine ist seit über 15 Jahren Angestellte, erledigt brav jeden Tag ihren Job und ist tief in ihrem Inneren todunglücklich. Ihre Arbeit erfüllt sie nicht mehr. Sie überlegt zu kündigen und sich selbstständig zu machen. Aber nach reiflichem Überlegen und Abwägen lässt sie es doch und bleibt in ihrem alten Job.

Damit ist Sabine kein Einzelfall. Glaubt man diversen Studien, sind zwei Drittel aller Beschäftigten mit ihrem Job unzufrieden. Genauso wie Sabine spielen auch sie mit dem Gedanken, aufzuhören und etwas anderes zu machen. Aber wie Sabine bleiben die meisten von ihnen ebenfalls in ihrem Job. Warum? Eine rationale Entscheidung? Ein Großteil würde genau das bestätigen. Sie würden sagen, dass sie die Vor- und Nachteile einer Kündigung genau abgewogen und nach sorgfältiger Analyse entschieden haben, dass eine Kündigung in der heutigen Zeit geradezu Harakiri wäre. Schließlich müsste man ja froh sein, wenn man einen Job hätte. Diese Sicherheit freiwillig aufzugeben wäre völlig bekloppt. Und da wir nicht bekloppt sind, lassen wir das mit dem Wechsel und bleiben bei dem, was wir haben und nicht mögen. Dass dieses Denken das eigentlich Bekloppte ist, kriegen wir nicht mit. Unsere Emotionen spielen uns einen Streich.

Schauen wir uns an, was emotional passiert. Mit der Aufgabe eines Angestellten-Daseins geben wir einen Großteil unserer Sicherheit auf. Wenn wir zu der Sorte Mensch gehören, denen Sicherheit wichtig ist, versetzt uns allein dieser Gedanke in Panik. Wir kriegen Angst vor dem Unbekannten und unser Kopfkino geht los. Wir malen uns zig Horrorszenarien aus, was alles passieren könnte, wenn wir diesen Schritt wagen. Ob realistisch oder nicht, ob wahrscheinlich oder nicht, völlig egal. Hauptsache schlimm. Dass unsere Emotionen sich hier verselbstständigen, realisieren wir nicht. Wir denken, wir machen das, was jeder vernünftige Erwachsene bei so einer Entscheidung tun würde: Er wägt alle Szenarien ab, die eintreten könnten, und entscheidet dann. Und hier spielt uns unser Gehirn ein zweites Mal einen Streich. Unsere Psyche strebt nach Konsistenz, nach Stimmigkeit. Das heißt, unser Verstand tut alles, um das, was wir emotional bereits empfunden und entschieden haben, zu bestätigen. Völlig egal, ob realistisch oder nicht. Wenn wir Angst haben vor dem Ungewissen, wird unser Verstand alle Fakten herbeiholen, die uns genau in dieser Angst bestätigen. Wir sehen, wie wir gnadenlos in der Selbstständigkeit scheitern. Wir sehen, wie wir keinen Job mehr bekommen, wenn wir gekündigt haben. Wir sehen, wie ein neuer Job noch schlimmer ist als der alte. Wir sehen, wie wir älter und älter werden und uns keiner mehr haben will. Und was machen wir bei all diesen Bildern? Das, was jeder vernünftige Mensch machen würde. Wir bleiben da, wo wir sind. In unserem alten Job. Da wissen wir wenigstens, was wir haben. Und genauso erging es Sabine. Sie fristet nun ihr Dasein bis zur Rente in ihrem »sicheren« Angestellten-Dasein und sagt sich jeden Tag aufs Neue: »Es war richtig so. Es ist ja auch nicht mehr so lange.« Ist dieser Weg erstrebsam?

Natürlich ist nicht jeder für die Selbstständigkeit geschaffen. Das könnte man jetzt denken. Aber: Wer sagt das? Vielleicht glauben wir auch nur, dass wir nicht für dieses und jenes geschaffen sind. Wissen tun wir es erst, wenn wir es versucht haben. Nicht nur die Selbstständigkeit, sondern alles andere ebenfalls. Oft sind es nicht unsere mangelnden Fähigkeiten, die uns abhalten, sondern unser mangelnder Glaube. Ich habe viele Menschen gecoacht, die der Meinung waren, sie können nicht verkaufen. Das war aber nur ihr Glaube. In dem Moment, als sie es versucht haben und die ersten Erfolge da waren, waren sie auf einmal komplett anderer Meinung. Sie haben verstanden, dass Verkaufen keine Gottesgabe ist, sondern etwas, das man lernen kann. Und so ist es mit vielen Dingen. Wir könnten es, aber wir glauben nicht daran. Und damit wieder zurück in die Zukunft: Bei all den Veränderungen und der Schnelligkeit, mit der die Dinge auf uns zukommen, werden wir künftig mit vielen Aufgaben konfrontiert werden, von denen wir heute vielleicht noch glauben, wir können sie nicht. Wenn wir es dann nicht trotzdem versuchen, schießen wir uns selbst raus aus dem Arbeitsmarkt.

Das Erste, was wir für diesen Glauben in den Griff kriegen müssen, ist unser Kopfkino. Nehmen wir noch mal die Selbstständigkeit. Wir denken daran, uns selbstständig zu machen und schon startet der Film: Wir denken an Unsicherheit, an Risiko, an Startkapital, an Verantwortung, an Pleiten, an unregelmäßige Arbeitszeiten und, und, und. Wir denken an all das, was wir nicht wollen. Und schon glauben wir, wir wären dafür nicht geboren. Wir finden selbst die Argumente, die uns in unserem Glauben bestätigen und schon ist die Überzeugung gefestigt: Ich und selbstständig? Niemals.

Dabei werden wir in Zukunft genau das werden müssen: selbstständig. Nicht formal auf dem Papier. Sondern in unserem Kopf. Wir brauchen das Mindset eines Selbstständigen. Wir werden uns immer mehr selbst managen müssen, uns selbst weiterbilden müssen, uns selbst bestmöglich auf dem Markt platzieren müssen, uns selbst so gut wie möglich verkaufen müssen … Die starren Strukturen, bei denen uns andere sagen, was wir zu tun haben, oder die Hierarchien, in denen es stets jemanden gibt, den wir für unser Schicksal verantwortlich machen können, schwinden immer mehr und mehr. Wenn wir uns nicht um uns kümmern, kümmert sich keiner.

Für die einen wird das schwieriger, für die anderen weniger schwierig. Nehmen wir Herbert. Für Herbert ist Veränderung nicht mit Angst verbunden wie bei Sabine, sondern mit Chancen und Freiheit. Für ihn ist Veränderung absolut positiv besetzt. Auch Herbert ist unzufrieden mit seiner beruflichen Situation. Allerdings sind es komplett andere Emotionen und damit andere Bilder, die er hat, wenn er an eine mögliche Kündigung denkt. Er sieht nicht die mögliche Niederlage, sondern die Chance. Er sieht, wie er endlich aus dem Hamsterrad herauskommt und das tun kann, was ihm Spaß macht. Er sieht, wie er zukünftig endlich glücklich und zufrieden nach einem erfolgreichen Tag nach Hause kommt. Und was fängt Herbert mit all diesen Bildern an? Das, was jeder vernünftige Mensch machen würde: Er kündigt und geht als Freelancer ins Ausland.

Unser Gehirn schafft es, dass eine Kündigung für den einen eine Vernunftentscheidung sein kann und für den anderen das Himmelfahrtskommando. Die Fakten können in beiden Fällen die gleichen sein, aber unsere Emotionen entscheiden, was wir aus diesen Fakten machen. Am Ende sagen sowohl Sabine als auch Herbert: Wir haben uns völlig vernünftig entschieden. Und jeder von beiden hat Recht – jeder durch seine Brille.

Verstand versus Emotionen

Wenn wir Verhalten steuern wollen, müssen wir auf das richtige Pferd setzen. Es hat keinen Sinn, bei der Ratio anzusetzen. Sie könnten Sabine zehnmal erzählen, dass es ein blöder Plan ist, in einem Job zu bleiben, den sie nicht mehr machen möchte. Sie könnten die besten Argumente haben, sie würde Sie nicht hören. Im Gegenteil. Sie würde zehn Argumente gegen jedes von Ihren finden. Wenn Sie ein mulmiges Gefühl haben, wenn Sie an all das denken, was in Zukunft auf Sie zukommen könnte, kann ich Ihnen zehnmal vernünftig erklären, dass alles gut wird. Solange Sie dieses ungute Gefühl haben, werden Sie mir nicht glauben. Und solange Sie nicht daran glauben, werden Sie Ihr Verhalten nicht ändern.

Damit kommen wir zurück zu Sabine: Was wäre die einzige Chance, sie davon zu überzeugen, endlich das zu machen, worauf sie Lust hat?

Wir müssten ihr zuallererst ihre Angst nehmen. Die Angst vor Veränderungen und die Angst davor, zu scheitern. Wir müssen im ersten Schritt ihren emotionalen Zustand beeinflussen, ehe wir im zweiten Schritt mit den Fakten und mit der Ratio um die Ecke kommen.

Das Diskontierungsphänomen

So komplex wir Menschen auch sind, wir werden alle von den gleichen beiden Hauptemotionen gesteuert und das sind Schmerz und Freude. Diese beiden Emotionen entscheiden maßgeblich über unser Verhalten. Entweder sind wir wie Sabine schmerzgesteuert, dann haben wir Angst und rennen weg. Oder wir sind wie Herbert freudegesteuert, dann geben wir Gas und laufen auf unser Ziel zu. Beides gleichzeitig funktioniert nicht.

Wenn Sie Verhalten ändern wollen, müssen Sie auf diese beiden Hauptemotionen zielen. Und das gelingt eben nicht mit der Ratio. Sie treffen weder Schmerz noch Freude, wenn Sie Sabine erzählen, dass die richtige Work-Life-Balance Voraussetzung für ein glückliches Leben ist. Das weiß sie auch ohne Sie. Aber das Wissen allein ändert nichts. Das ist wie bei Rauchern. Jeder Raucher weiß rational, dass Rauchen schädlich und im Zweifel tödlich ist. Aber das Panikgefühl, das sich allein schon bei dem Gedanken breit macht, heute keine rauchen zu können, ist meist stärker als das Wissen, dass der Verzicht uns das Leben retten kann. Den psychologischen Aspekt dahinter nennt man Diskontierung. Der Verzicht heute und der damit verbundene Schmerz in der Gegenwart wiegen stärker als der potentielle Lustgewinn in der Zukunft. Und dabei ist es völlig egal, ob der Lustgewinn in

Zukunft viel größer ist als der heute. Uns interessiert zuallererst das Hier und Jetzt. Wir entscheiden uns für die Zigarette heute und den kurzen Lustgewinn, anstatt schmerzhaft darauf zu verzichten. Der viel größere Lustgewinn, nämlich ein längeres Leben, interessiert uns plötzlich nicht. Und das betrifft nicht nur das Rauchen. Wir wollen eine Diät machen und abnehmen. Aber morgens beim Bäcker interessiert uns das plötzlich nicht mehr. Wir entscheiden uns für das Croissant heute, anstatt für unsere Bikinifigur in zwei Monaten. Logisch? Nein. Vernünftig? Nein. Emotional nachvollziehbar? Ja.

Wenn wir mit diesem Diskontierungsmuster in Richtung Zukunft gehen, werden wir nicht weit kommen. Dann können wir noch so viele Optionen und Chancen in der Zukunft haben, in dem Moment, wo das Ergreifen der Chancen mit Verlust und Schmerz im Hier und Heute verbunden ist, lassen wir es.

Wenn Sie Ihren Erfolg in Zukunft also nicht dem vermeintlichen Lustgewinn in der Gegenwart opfern wollen, müssen Sie gegen diese Diskontierung antreten. Sie müssen es schaffen, dass Sie Ihre Emotionen steuern, und dass Sie nicht von ihnen gesteuert werden. Wenn Sie z.B. wissen, dass Sie künftig andere Kompetenzen brauchen, um in Ihrem Job zu bestehen, könnten und sollten Sie heute schon damit anfangen, sich diese Kompetenzen anzueignen. Das wäre der beste Weg. Aber auch der unbequeme. Denn anfangen bedeutet Arbeit, Stress und weniger Freizeit heute. Dafür aber Seelenfrieden in Zukunft.

Was machen Sie? Sie wägen ab. Weiterbildung ist wichtig, ja. Aber: Die Zukunft ist ja noch so weit weg. Und wer weiß, ob das dann alles auch so eintritt, wie das die Porsch und der Brandl beschrieben haben. Da lebe ich doch lieber hier und heute und warte ab, was die Zukunft bringt.

Die Power-Matrix: Steuern statt gesteuert werden

Nicht warten, sondern handeln. Nicht steuern lassen, sondern selbst steuern. Das ist das, was wir lernen müssen. Und das können Sie jetzt lernen, mit meiner P.O.W.E.R.-Matrix.

Das Gerüst der P.O.W.E.R.-Matrix sind unsere beiden stärksten Treiber: Schmerz und Freude. Was uns klar sein muss, ist, dass das Bedürfnis, Schmerz zu vermeiden, immer der stärkere Treiber ist. Wir sehen nicht automatisch die zig Chancen, die sich durch die Digitalisierung ergeben werden, wir sehen zu allererst, was uns gefährlich werden kann. Sabine sieht nicht die Erleichterung, wenn sie endlich nicht mehr den Job machen muss, den sie nicht machen will. Sie sieht zuallererst, was alles schiefgehen kann, wenn sie sich verändert. Und das macht ihr Angst. Ihr Schmerz siegt, also lässt sie es und bleibt in ihrem tristen Alltagsjob.

Wenn wir uns steuern lassen, steuern wir oft automatisch an unserem Glück vorbei. Wir steuern von unserem Ziel weg, anstatt ihm entgegenzugehen. Einer unserer stärksten Erfolgsgegner in Zukunft sind wir also selbst mit unserem Schmerzvermeidungsbedürfnis, gepaart mit unserem Diskontierungsstreben. Dem können Sie mit der P.O.W.E.R.-Matrix entgegentreten. Und zwar in drei Schritten:

1. Stellen Sie sich Ihrer Angst!

Erst, wenn wir uns unserer Emotionen bewusst werden, können wir sie steuern. Wir müssen uns klar machen, dass wir nie im Leben vor den Fakten wegrennen, sondern immer vor unseren emotionalen, unbewussten Bewertungen dieser Fakten. Wir haben keine rationale Angst im Dunkeln, aber unsere Emotionen lassen unser Kopfkino sprießen, wenn das Licht ausgeht und auf einmal verbinden wir Dunkelheit mit Angst. Nicht die Dunkelheit ist das Problem, sondern unsere Bewertung der Situation.

Wenn wir unser Verhalten ändern wollen, müssen wir zuerst unsere Bewertung, unsere Emotion, ändern. Und dafür müssen wir uns unserer Emotionen bewusst werden. Dabei helfen uns die richtigen Fragen. Bezogen auf die Angst in der Dunkelheit könnte das sein: »Was ist denn eigentlich so schlimm am Dunkelsein? Wovor habe ich Angst?« Jetzt sind wir nicht mehr in der Emotion, sondern in der Ratio.

Wir erkennen,

a) dass es überhaupt keinen vernünftigen Grund gibt, vor dem Dunkeln Angst zu haben und

b) wo wir angreifen müssen, um diese Angst zu besiegen. Wir rennen nicht mehr vor unserer Angst weg, sondern wir stellen uns ihr.

Bei Sabine ist das nicht anders. Was soll denn realistisch passieren, wenn sie kündigt? Sie findet nicht sofort einen neuen Job, okay. Sie muss sich vielleicht noch weiterbilden, okay. Sie weiß nicht, ob ein neuer Job nicht noch schlimmer ist als der alte. Nicht der Optimalzustand, aber ist das alles so schlimm?

Heute sagen wir vielleicht: Na, das sind alles reale Existenzängste, das ist doch verständlich. Aber in Zukunft werden diese Existenzängste zu unserer täglichen Realität gehören. Wenn sich jeder zweite Job verändert oder gar wegfällt, betrifft das nun mal jeden zweiten von uns. Und wenn wir dann mit unserem Schmerzvermeidungsmodus agieren, rennen wir vor allem, was uns weiterbringen würde, weg. Wir fangen nicht an, uns weiterzubilden. Wir sehen nicht die zig Optionen, die es neben einem klassischen Angestelltenverhältnis noch gibt. Wir kommen nicht auf die Idee, dass wir noch viele weitere Talente haben, von denen wir bis dato nichts wussten. Wir versuchen nicht, unsere Skills soweit zu perfektionieren, dass der Markt an uns nicht mehr vorbeikommt. Vor lauter Angst machen wir das Gegenteil. Statt proaktiv in die Zukunft zu gehen, stecken wir den Kopf in den Sand und hoffen, dass der

Kelch an uns vorübergeht. Bei einer Quote von 2:1 ein ziemlich gewagtes Unterfangen.

Wenn wir nicht anfangen, die Ereignisse in Zukunft anders zu bewerten und mit anderen Emotionen zu verknüpfen, haben wir keine Chance. Der entscheidende Punkt in diesem Schritt des P.O.W.E.R.-Prinzips ist es, unsere Angst auszuschalten.

Stellen Sie sich dafür zukünftig zwei einfache Fragen: Was würde ich tun, wenn ich keine Angst hätte? – Wenn Sie die Antwort auf diese Frage kennen, wissen Sie, wo Ihre Reise in Zukunft hingeht. Denn jetzt haben Sie Ihr emotionales Zielbild. Sie wissen, was Sie *wirklich* wollen. Und anschließend können Sie sich überlegen, wie Sie auch dort hinkommen.

Dabei hilft Ihnen die zweite Frage: Wovor genau habe ich Angst? – Machen Sie sich klar, wovor Sie weglaufen. Holen Sie Ihre unbewussten Bilder in Ihr Bewusstsein und stellen Sie sich ihnen. Sie werden sehen, die meisten Dinge verlieren ihren Schrecken. Aber selbst wenn nicht, wenn Sie sich bewusst sind, was Sie ängstigt, laufen Sie nicht mehr vor einem (unbewussten) Gefühl weg, sondern können Ihre Empfindungen und Gedanken bewusst bewerten und damit auch agieren. Sie lassen sich nicht mehr unbewusst steuern, sondern steuern bewusst.

Nun können Sie weiter zu Schritt zwei.

2. Stellen Sie sich den Konsequenzen der Zukunft!
   In diesem zweiten Schritt hebeln Sie die Diskontierung aus. Dank Schritt eins sind Sie jetzt zwar nicht mehr im Fluchtmodus, das heißt aber noch lange nicht, dass Sie die Zukunft auch angreifen. Wir bleiben der Einfachheit halber bei Sabines Beispiel mit der Kündigung. Sabine hat vielleicht keine Angst mehr, nach einer Kündigung auf der Straße zu sitzen, aber deshalb wird sie noch lange nicht aktiv und tut etwas. Denn ihre Kündigung würde

zu allererst Konsequenzen im Hier und Jetzt bedeuten: das unangenehme Kündigungsgespräch mit dem Chef, Stellenanzeigen aufgeben, Vorstellungsgespräche führen usw. Und all das will sie nicht. Genauso wenig, wie wir an unserem Lieblingsbäcker vorbeigehen und auf das Croissant verzichten wollen, wie wir die Zigarette liegen lassen oder wie wir unser Leben von irgendwelchen Robotern durcheinanderbringen lassen wollen. Wir wollen *jetzt* keinen Schmerz. Dabei ist es völlig egal, dass auf der anderen Seite unser Traumjob, eine tolle Figur, ein langes Leben und die Freiheit warten. Das ist alles viel zu weit weg. Unser künftiges Glück blenden wir aus.

Wenn Sie aus dieser Diskontierungsfalle herauswollen, müssen Sie es schaffen, dass Ihnen die Zukunft plötzlich wichtiger wird als die Gegenwart. Und dabei hilft Ihnen wieder eine Frage, die Diskontierungsfrage. Mit der Diskontierungsfrage machen Sie sich die Konsequenzen Ihres Handelns bzw. Nichthandelns für die Zukunft bewusst und Sie holen sie ins Hier und Jetzt: »Was passiert, wenn ich nicht handele?« bzw. »Was passiert, wenn ich so weitermache wie bisher?«

Mögliche Antworten auf diese Fragen wären: »Wenn ich nicht kündige, werde ich für den Rest des Lebens gefrustet im Job sein«, »Wenn ich das Croissant esse, werde ich nie meine Wunschfigur erreichen und mich jeden Tag am Strand schämen«, »Wenn ich diese Zigarette rauche, werde ich die Hochzeit meiner Kinder nicht mehr erleben können«.

Und plötzlich haben wir die Konsequenzen vor Augen, die wir sonst verdrängen. Wir sehen plötzlich vor unserem inneren Auge, wie unser Kind uns zu Grabe trägt, wenn wir weiter rauchen. Wir sehen, wie wir irgendwann mit 70 auf der Parkbank sitzen, unser Leben Revue passieren lassen und uns fragen: »Warum habe ich damals nichts geändert?« Aber dann ist es zu spät.

Mit diesem zweiten Schritt wissen Sie jetzt, wo Sie hinwollen. Sie wissen auch, wovor Sie Angst haben und Sie wissen, welche Konsequenzen es hat, wenn Sie Ihrem Autopiloten weiter folgen und Schmerz vermeiden wollen.

Damit geht es jetzt direkt weiter zum dritten und letzten Schritt der P.O.W.E.R.-Matrix. Sie vergleichen die Optionen von Handeln und Nichthandeln und bewerten sie.

3. Vergleichen Sie die Optionen!

Wenn Sabine ihren beruflichen Traum verwirklichen möchte, muss der Verzicht auf ihren Traumjob in Zukunft ihr mehr wehtun als das Festhalten an dem sicheren, aber frustrierenden Job heute. Die Bilder, die Sabine hat, wenn sie an das Festhalten an ihrem Angestellten-Job denkt, müssen schlimmer sein als die der möglichen Strapazen und das potentielle Scheitern in der Zukunft. Und das schaffen wir mit dem dritten Schritt. Jetzt vergleichen wir den vermeintlichen aktuellen Lustgewinn, den Sabine heute hat, mit den Konsequenzen des 2. Schrittes.

Die Entscheidungsfrage ist einfach: »Was ist schlimmer? Handeln oder die Konsequenzen ertragen?« Überlegen Sie mal, was ist schlimmer – heute das unangenehme Kündigungsgespräch mit seinem Chef zu führen oder ein Leben lang unglücklich zu sein? Was ist schlimmer – heute auf das Croissant zu verzichten oder sich ständig wegen seiner Figur zu schämen? Was ist schlimmer – heute die Zigarette wegzulassen oder die Hochzeit seines Kindes nicht mitzuerleben?

Die Antworten ergeben sich von selbst, oder? Sie sehen jetzt die Bilder, die Sie sonst aufgrund Ihres Diskontierungsstrebens automatisch verdrängt haben. Und plötzlich ist das, was Sie nicht wollten, nämlich kündigen, nicht mehr das, was Sie vermeiden wollen. Plötzlich ist das Verbleiben im alten Job das schlimmere Szenario. Wir haben die Zukunft in die Gegenwart geholt und unserem Autopiloten einen Streich gespielt. Sabine hat auf einmal keine Angst mehr davor, ihren Traum zu leben und zu kündigen, sondern davor, in ihrem Angestellten-Dasein zu verkümmern. Und auf einmal sind Gedanken wie »Ich bin nicht für die Selbstständigkeit geboren« sehr weit weg.

In dem Moment, wo wir wissen, wo wir hinwollen, wo wir keine Angst mehr haben und daran glauben, dass wir unser Ziel erreichen können, sind wir kurz davor, es tatsächlich zu erreichen. Wenn Sie konkret wissen, wo Sie hinwollen in der Zukunft 4.0, wenn Digitalisierung und Co ihren Schrecken verloren haben und Sie daran glauben, dass Sie in dieser Zukunft Ihren Platz finden werden, haben Sie ihn schon fast gefunden.

Mit der P.O.W.E.R.-Matrix drehen Sie den Schmerzvermeidungsmodus um. Das, wovon Sie wegwollten, ist plötzlich das, wo Sie hinwollen. Das, wovor Sie bis jetzt gedanklich weggelaufen sind, ist auf einmal das, wo Sie hinwollen. Sie können zwar die Rahmenbedingungen der Zukunft nicht ändern, aber Sie können Ihre Bewertung ändern. Und damit ändern Sie Ihre Zukunft innerhalb dieser Rahmenbedingungen.

Nicht nur uns – auch andere steuern

Es reicht allerdings nicht, wenn wir wissen, wie wir uns selbst durch die Zukunft steuern können. Wir müssen auch die anderen steuern können. Wenn Sie es z.B. nicht schaffen, Ihren Chef dahin zu steuern, sich für Sie und nicht für *Watson* zu entscheiden, oder Ihren Kunden, sich für Ihr Produkt zu begeistern und nicht für das Ihrer Mitbewerber, haben Sie nicht viel gewonnen. Dann sind Sie zwar emotional für die Zukunft gewappnet, aber Sie stehen alleine da.

»Andere steuern? Womöglich manipulieren? Das mache ich nicht« – wenn Ihnen jetzt etwas in der Art durch den Kopf geht, dann lassen Sie mich Ihnen sagen: Doch, das machen Sie. Sie manipulieren. Und zwar jeden Tag. Genauso wie Sie jeden Tag manipuliert werden. Das ganze Leben ist Manipulation. Das gehört zum Leben dazu und ist auch nichts Schlimmes. Unsere Bewertung macht es wieder schlimm. Wir verbinden mit Manipulation etwas Negatives oder Anrüchiges. Aber warum? Manipulieren hat seinen Ursprung im Lateinischen und kommt von manus, der Hand. Manipulieren bedeutet also so viel wie: Handhabung oder übertragen auf das Leben: Einflussnahme. Und Einflussnahme geschieht ständig. Durch die Medien, durch uns, unseren Partner, die Lehrer, das Fernsehen … Wir können nicht durch das Leben laufen, ohne Einfluss zu nehmen oder beeinflusst zu werden. Wie Sie andere beeinflussen können, das schauen wir uns jetzt an. Denn um beeinflussen zu können, müssen Sie Beziehungen bauen können.

Der 5. Schlüssel: R wie Relationship – Bauen Sie Beziehungen!

Vor einigen Wochen hatte ich einen Auftritt in Düsseldorf. Ich war tagsüber auf einer Messe gebucht und abends wollten Peter und ich essen gehen. Nach meinem Gig habe ich mir noch schnell einen Termin bei der Kosmetik gelegt. Normal läuft so ein Termin immer gleich ab, egal, in welchem Studio ich auch bin. Ich werde behandelt, halte ein bisschen Small Talk mit der Kosmetikerin und wenn es ans Bezahlen geht, kommt die Standardfrage, ob ich noch irgendwelche neuen Pflegeprodukte mitnehmen möchte. Auch meine Antwort ist standardisiert: »Danke, ich brauche nichts.« Dieses Mal war das anders. Ich hielt wieder meinen klassischen Small Talk und die Kosmetikerin fragte mich, was ich heute noch mache. Ich erzählte ihr von unserem bevorstehenden Essen am Abend. »Ach, wo gehen Sie denn hin?«, fragte sie. Ich nannte ihr die Location und sie sagte: »Ach, das ist sehr schön. Bis auf das Licht auf den Toiletten. Also, wenn es nicht sein muss, einfach *nicht hingucken.*« Ich wusste sofort, was sie meinte. Kennen Sie dieses gruselige Toilettenlicht? Dieses grelle Licht, bei dem man in den Spiegel guckt, jede Falte sieht und plötzlich um zehn Jahre gealtert ist? Ich grusele mich jedes Mal, wenn ich da reingucke. Als mir meine Kosmetikerin das also erzählte, war mir klar: »Okay, Katja, dann machst du das, was du immer in diesen Situationen machst. Einfach nicht hingucken. Das sagte ich ihr auch. Und dann legte sie los: »Ich habe letztens übrigens eine neue Pflege ausprobiert. Das war der Hammer. Ich war abends verabredet und habe sie ausprobiert. Sie glauben gar nicht, was passiert ist.« Vermutlich ahnen Sie, was danach kam? Sie erzählte mir, dass sie nach dem Auftragen aussah, wie in einen Jungbrunnen gefallen. Selbst den Spiegeltest hat diese Pflege überstanden. Den Rest erspare ich Ihnen. Fakt war: Ich habe das Geschäft mit fünf dieser neuen Produkte verlassen. Es war das erste Mal seit Ewigkeiten, dass ich nach meiner Behandlung Produkte gekauft habe. Sie hatte mich gekriegt. Sie hatte mich manipuliert. Nicht rational, sondern emotional. Hätte sie mir wie ihre Vorgängerinnen nur von dem neuen Produkt mit den großartigen neuen Wirkstoffen erzählt, hätte ich nichts gekauft. Sie hätte mich nicht überzeugt. Sie hat mich aber nicht mit zig Fakten rational zugebombt, sie hat erst meine Emotionen gesteuert, bevor sie mit den Fakten hinterherkam. Sie hat mir den Schmerz genommen, in diesem schrecklichen Licht furchtbar auszusehen und die Freude gegeben, dass ich mich abends supergut fühlen werde, wenn ich von der Toilette komme.

Und genauso bauen Sie Beziehungen. Vom Schmerz zur Freude. Wenn Sie Ihren Chef z.B. davon überzeugen wollen, dass er Sie nicht im Rahmen der Digitalisierungswelle entlassen soll, erklären Sie ihm nicht, wie fleißig, loyal und pünktlich Sie sind. Das wären die Fakten. Vergessen Sie die Ratio und setzen Sie bei den richtigen Emotionen an. Und Emotionen wecken Sie am ehesten mit Bildern. Malen Sie Ihrem Chef also das Bild auf, wie eine Entscheidung gegen Sie für ihn Schmerz bedeutet und für Sie Freude. Malen Sie ihm auf, wie sein Unternehmen an Profit verliert, wenn er auf die falschen Maschinen setzt und wie er an der Konkurrenz vorbeizieht, wenn er auf die richtige Manpower, nämlich auf Sie, setzt.

Die Fähigkeit, Beziehungen zu bauen und andere zu beeinflussen, entwickelt sich nicht über Nacht. Das muss man üben. (Wenn Sie das Thema interessiert und Sie mehr Beispiele haben und üben wollen, dann können Sie das hier in unserer Academy: *www.personalskills-academy.com*.)

Und damit zurück zum vermeintlichen Wettbewerb von Mensch und Maschine. Stellen Sie sich vor, in Düsseldorf hätte mich eine Maschine behandelt und nicht ein Mensch. Die Behandlung hätte vermutlich funktioniert, aber wenn am Ende die einprogrammierte Frage nach Zusatzprodukten gekommen wäre, hätte ich das gemacht, was ich sonst immer gemacht habe. Ich hätte verneint. Ich brauchte ja nichts. Zumindest so lange nicht, bis meine Kosmetikerin mich vom Gegenteil überzeugte. So lange, bis sie den richtigen emotionalen Knopf bei mir gedrückt hat. Und genau für diesen emotionalen Knopf braucht es uns Menschen. Es braucht uns nicht, um Fakten und Informationen zu transportieren. Es braucht uns, um Emotionen zu transportieren.

Überlegen Sie mal: In welchen Bereichen in Ihrem Job braucht es Sie? Wo drücken Sie emotionale Knöpfe? Was ist Ihr Pflegeprodukt? Wo bauen Sie Beziehungen? Und wie könnten Sie sich und Ihren Wert zukünftig noch steigern, wenn Sie diesen Bereich professionalisieren?

Maschine schlägt Mensch? Von wegen!

Die Fitnesskette McFit ist ein schönes Beispiel dafür, wie wichtig in unserer fortschreitend digitalisierten Welt nach wie vor die persönliche Beziehung ist und das noch lange nicht alles, was theoretisch computerisierbar ist, auch computerisiert wird. McFit zeichnet sich vor allem dadurch aus, dass die Mitglieder 24 Stunden trainieren können und fast rund um die Uhr Kurse besuchen können. Cyber-Kurse. Sie trainieren also nicht mit einem Live-Trainer, sondern virtuell via Bildschirm mit Trainern aus den USA. Das sind die Fakten. McFit ist damit also voll im Trend der Digitalisierung. Das war zumindest bis vor Kurzem so. Seit einiger Zeit setzt McFit aber auch Live-Trainer ein und stellt sich damit quasi »gegen den Trend«: Personality statt Technik. Das Spannende ist, dass die Live-Trainings fast immer voll besucht sind, im Gegensatz zu den virtuellen Trainings. Warum? Ganz einfach: Die virtuellen Kurse mögen die gleichen Inhalte liefern wie die realen, aber sie liefern eben nicht dieselben Emotionen. Sie liefern keine Beziehung. Und immer dann, wenn es darum geht, Menschen zu erreichen, sie zu bewegen und zu motivieren – im Sport, im Business oder privat – braucht es Emotionen. Und damit braucht es den Menschen. Machen Sie sich also keine Sorgen mehr, dass Sie in Zukunft nicht mehr gebraucht werden. Machen Sie sich höchstens Sorgen, dass Sie nicht richtig vorbereitet sind.

Stellen Sie sich vor, Sie bewerben sich für Ihren Traumjob – und mit Ihnen elf andere. Was glauben Sie, wer macht das Rennen und warum? Na der mit den besten Qualifikationen. Oder mit dem besten Zeugnis. Oder mit der meisten Erfahrung. Könnte man denken. In der guten alten Zeit war

Brandl/Porsch: Der Zukunfts-Code

das vielleicht so und teilweise ist es das auch heute noch. In der Zukunft sind all diese Dinge aber nicht mehr kriegsentscheidend. Wen interessiert ein Zeugnis, wenn die für die Zukunft relevanten Skills wie Veränderungsbereitschaft, Menschenkenntnis, Kreativität oder kritisches Denken eh nicht gelernt wurden? Künftig wird nicht mehr derjenige das Rennen machen, der die beste fachliche Qualifikation hat, sondern der mit der besten menschlichen Qualifikation. Es wird der das Rennen unter den elf Bewerbern machen, der sich am besten verkaufen und die beste Beziehung aufbauen kann.

Falls Ihnen jetzt mulmig wird, weil Beziehungstuning und Verkaufen nicht unbedingt zu Ihren Stärken gehören, kann ich Sie beruhigen. Ich war auch alles andere als das geborene Verkaufstalent. Aber ich habe es gelernt. Beziehungstuning und Verkaufen können Sie lernen wie Mathematik und Deutsch. Es kümmert sich in unserer Welt nur noch keiner darum. Fachlich werden wir weitegebildet, aber menschlich bleiben wir dabei irgendwie auf der Strecke. Die Resultate sehen wir tagtäglich: Wenn wir heute auf der Straße jemanden fragen, wie unsere Bundeskanzlerin heißt oder wann der erste Weltkrieg ausgebrochen ist, haben wir realistische Chancen, eine richtige Antwort zu bekommen. Fragen wir aber danach, in welchem Teil des Gehirns menschliches Verhalten gesteuert wird oder wann offene und wann geschlossene Fragen in einer Verhandlung sinnvoll sind, wird es ruhig.

Eine kurze Geschichte dazu aus meinem Seminaralltag: Ich hielt ein Verkaufsseminar für Berater. Sie regten sich darüber auf, wie schwierig und fast aussichtslos das heutige Kundengeschäft geworden ist. Sie beklagten, dass alles hektischer wird, der Druck immer größer und die Kunden zunehmend undankbarer: »Die lassen sich bei uns beraten und schließen dann im Internet ab. Da können wir nichts machen.« Das Klagelied können vermutlich viele singen. Klar konnte ich ihren Frust nachvollziehen, aber ich ahnte, dass sie sich in diese Situation selbst hineingeritten hatten – und zwar unbewusst. Ich ließ mir ein typisches Beratungsgespräch vormachen und damit wurde meine Ahnung bestätigt. Es waren klasse Produktpräsentationen, die da kamen. Fachlich waren sie fast alle auf einem guten Niveau. Sie sagten auch brav ihre auswendig gelernten Phrasen auf. Sie machten faktisch alles richtig, bloß erreicht haben sie mich damit nicht. Sie waren gute Maschinen, aber das reicht eben nicht mehr. Wenn ich heutzutage Kunden nur informiere, kann ich nicht erwarten, dass sie schlussendlich bei mir kaufen. Sie werden da kaufen, wo es diese Beziehung gibt oder wo das Produkt am günstigsten ist. Wenn es heute noch ansatzweise informierende Berater braucht, so stirbt diese Gattung zukünftig aus. Denn in naher Zukunft besorgen wir uns all die Informationen, die wir brauchen, selbst. Und nicht nur das. Heute sitzen wir vielleicht noch vor unserem Notebook und vergleichen im Internet die Preise. Zukünftig macht das *Alexa* für uns.

Wenn wir all das weiterdenken, kommen wir zwangsläufig zu der Frage: Wozu benötigen wir dann all die Unternehmen, die Beratungsleistung anbieten? Braucht es den Berater überhaupt noch? Ich bin felsenfest davon überzeugt, dass es den Berater nach wie vor braucht. Auch die Unternehmen. Und jeden von uns. Aber eben anders als vorher. Wenn wir uns nach wie vor auf das verlassen, worauf wir uns die letzten Jahre verlassen haben, sind wir verlassen. Es wird Zeit, die alten Zöpfe abzuschneiden. Je mehr Maschinen in unseren Alltag Einzug erhalten, desto wichtiger wird der Mensch. Aber nicht der Mensch als Schnittstelle für Information, sondern der Mensch als Schnittstelle für Emotionen. Berater werden nicht mehr als Informationsvermittler gebraucht, sie werden als Emotionsvermittler gebraucht. Als Beziehungstuner. Bei Unternehmen sieht es nicht anders aus. Auch sie müssen es schaffen, nicht mehr als reiner Produkt-

Brandl/Porsch: Der Zukunfts-Code

lieferant gesehen zu werden, sondern als Beziehungstuner und Influencer. Nur so haben sie eine Chance zu überleben und nicht in sinnlosen Preisschlachten unterzugehen.

Stellen Sie sich vor, Sie haben auf der einen Seite Produkt A und auf der anderen Produkt B. Beide sind nahezu gleich, außer, dass A günstiger ist. Was kaufen Sie? Vermutlich A. Es sei denn, Sie haben einen stichhaltigen Grund, das nicht zu tun. Und den haben Sie nur, wenn Sie eine persönliche Beziehung und Bindung zu Unternehmen B haben. Dann ist der Preis auf einmal nicht mehr so wichtig.

Beziehungen sind die Brücke

Ein Unternehmen, das diese Karte der emotionalen Verbundenheit heute schon sensationell spielt, ist Apple. Kein normal denkender Mensch käme doch auf die Idee, sich bis zu fünf Nächte um die Ohren zu schlagen, draußen auf der Straße zu campen, mit Klappstühlen und Zelten ausgerüstet, nur um zu den Ersten zu gehören, die stolz in ihren sozialen Netzwerken verkünden können, dass sie endlich im Besitz eines Telefons sind. Ein Telefon! In der heutigen Zeit! Etwas Besonderes? Null! Aber trotzdem tun sich das Tausende von scheinbar normal tickenden Menschen immer wieder an. Allerdings nicht wegen eines Telefons. Sondern wegen des neuen iPhones. Und da liegt der Unterschied. Diese leidensfähigen Menschen vor dem Apple Store kaufen nicht das Produkt. Sie kaufen das Image. Sie kaufen nicht das, was es ist. Sie kaufen das, was sie emotional damit verbinden. Sie kaufen die Beziehung. Und das müssen wir in Zukunft schaffen. Beziehungen und Emotionen verkaufen. Nicht mehr auf den USP setzen, sondern auf den UPP, die Unique Personal Proposition. Egal ob Sie Berater, Kassierer oder Unternehmerin sind: Sie brauchen Ihren UPP, sonst werden Sie ausrangiert.

Bevor wir uns anschauen, wie UPP geht, gucken wir

uns erst mal an, wie es nicht geht. Ich war vor Kurzem gemeinsam mit Peter für eine Veranstaltung in München gebucht. Wir checkten abends in unser Hotel ein. Ein typisches Businesshotel auf Vier-Sterne-Level. Wir kamen an, wurden mit einem standardisierten, einstudierten, leichten Lächeln begrüßt und dann nahm das Schicksal seinen Lauf. Wir warteten etwa zehn Minuten auf unsere Zimmerkarte. Nein, nicht weil andere vor uns waren. Wir waren die einzigen Gäste beim Check-in. Und nein, es handelte sich nicht um einen Azubi. Wir wissen nicht, was die Dame, die unsere Daten bereits über unsere Online-Reservierung erhalten hatte, zehn Minuten mit sich und ihrem Computer ausmachte. Fakt ist: Wir warteten. Verbindliche Gespräche oder Small Talk, um die Zeit zu überbrücken? Fehlanzeige. Beziehungsaufbau? UPP? Null. Wir beschäftigten uns also mit uns selbst, nahmen irgendwann die uns überreichte Zimmerkarte entgegen und checkten ein. Fühlten wir uns willkommen geheißen? Nein! Hatten wir das Gefühl, dass wir dieses Hotel gerne noch mal besuchen wollten? Nein! Wären wir dankbar über eine Maschine gewesen? Ja! Dann wäre das Ganze schneller gegangen. Wir hätten keinen freundlichen Empfang erwartet, sondern nur eine reibungslose Abwicklung. Obwohl eine gut geschulte Maschine mit einer Mimik von *Sophia* vermutlich freundlicher gewesen wäre als die Dame uns gegenüber.

Das Spiel setzte sich am nächsten Morgen fort. Wir mussten zum Flieger, für ein Frühstück war es noch zu früh und ich wollte uns einen Kaffee besorgen, während Peter uns auscheckte. Nach fünf Minuten des Herumirrens im Restaurant traf ich endlich einen Kellner. Ich fragte ihn, ob er uns einen »Coffee to go« machen könnte. Er nickte und fragte, wie der Kaffee denn sein solle. »Einer mit und einer ohne Milch.« Er verschwand. Nachdem fünf Minuten später immer noch nichts von ihm zu sehen war, ging ich los, um Peter Bescheid zu geben, dass es noch dauert. Ich legte dem

Kellner schon mal das Kaffee-Geld auf den Tisch. Den Weg hätte ich mir sparen können. Peter stand nach wie vor an der Rezeption, um auszuchecken. Als Einziger. Er wartete auf unsere Rechnung. Langsam begriff ich: Warten gehörte in diesem Hotel zum guten Ton. Also ging ich zurück. Beim Tisch angekommen sah ich, dass mein Geld weg war, aber kein Kaffee da. Nach weiterem Suchen fand ich eine Kellnerin, die ich wiederum nach meinem Kellner fragte. Irgendwann kam er und ich erkundigte mich nach meinem Kaffee. Er guckte mich an: »Ah, Kaffee. Mit oder ohne Milch?« Ich sammelte mich kurz, beantwortete die Frage zum zweiten Mal und fragte nach meinem Geld. »Ach so, das habe ich schon genommen.« Ich kürze das Ganze ab. Nach 15 Minuten saßen wir ausgecheckt und mit Kaffee im Taxi. Bingo!

Wären wir dankbar für eine Maschine gewesen? Ja! Und dieses Hotel ist nur ein Beispiel von vielen. Damit wieder mal zu der Frage: Braucht es uns noch in Zukunft? Jain! Wenn wir keinen Bock auf unseren Job haben, wenn wir keine innere emotionale Verbundenheit zu dem Unternehmen haben, wenn wir nicht in der Lage sind, Beziehungen zu anderen aufzubauen, sind Maschinen die bessere und billigere Alternative. Warum sollte also ein Hotelmanager künftig auf uns zurückgreifen, wenn er von der Maschine das Gleiche günstiger kriegt? Bei Unternehmen ist das nicht anders. Wenn Unternehmen nichts anderes zu bieten haben als ihre pure Leistung, wenn es keinen emotionalen Köder gibt, brauchen sie sich nicht zu wundern, wenn sie immer wieder in lästigen Preiskämpfen landen und irgendwann völlig vom Markt verschwinden und wegrationalisiert werden. Genauso wie wir wegrationalisiert werden, wenn wir nicht in der Lage sind, den richtigen Köder auszuwerfen.

Vielleicht kennen Sie Menschen, die sich schon mal darüber geärgert haben, dass ein Kollege, der fachlich viel weniger qualifiziert war als sie, ihren Job ergattert hat. Oder der die ersehnte Gehaltserhöhung oder Beförderung bekommen hat, auf die sie selbst schon so lange hingearbeitet hatten. Warum hat der andere das geschafft, wenn doch die Fakten dagegensprachen? Ganz einfach. Der andere war der bessere Influencer, der bessere Verkäufer. Maschinen machen das, was wir ihnen sagen, oder was wir programmieren. Menschen nicht. Menschen wollen verstanden, begeistert, überzeugt und emotional abgeholt werden. Und dafür wiederum braucht es Menschen, die genau das können. Wie wichtig das ist, zeige ich Ihnen an einem anderen Beispiel, das komplett gegenteilig zu unserem frustrierenden Hotelerlebnis ist.

Ich muss dich spüren

Ich bin seit Jahren Kundin bei der gleichen Reinigung. Egal wohin ich innerhalb von Berlin gezogen bin, den Weg dorthin habe ich auf mich genommen. Ich kann noch nicht mal sagen, dass das fachlich die beste Reinigung ist, die es in meinem Umfeld gibt. Aber es ist das Geschäft, zu dem ich die stärkste Bindung habe. Seit ich denken kann, werde ich von meiner netten Reinigungsdame gleich begrüßt: »Guten Tag, Frau Porsch.« Seit meinem zweiten Auftrag. Dieser persönlichen Begrüßung folgt ein herzliches Lächeln. Und das betrifft nicht nur mich, meine Reinigungsdame spricht alle ihre Kunden persönlich an – und hat genau damit Erfolg. Ich fühle mich dort so willkommen, wie man sich nur willkommen fühlen kann. Selbst als ich drei Jahre nicht dort war, weil ich nicht mehr in Berlin lebte, wurde ich nach dieser Zeit wieder begrüßt mit: »Hallo, Frau Porsch.« Da war ich erstmal sprachlos.

Aber die Begrüßung ist nicht alles. Wenn sie sich nicht sicher ist, ob etwas mit einem meiner Kleidungsstücke schiefgehen kann, lässt sie es nicht einfach darauf ankommen, nach dem Motto: »Wir sind versichert.« Nein, sie ruft mich an. Keine »Ist mir doch egal, ist eh nicht meins«-Mentalität, dafür Identifikation auf ganzer Linie. Wenn mal etwas nicht fertig ist, sucht sie keine Pseudoausreden, sondern sie steht dazu.

Die Folge von all dem ist: Mich interessiert der Preis nicht. Ich kann Ihnen noch nicht mal sagen, was die Reinigung eines Kleides dort kostet. Es ist mir gleichgültig, ob eine andere Reinigung billiger oder schneller ist. Mich interessiert, dass ich weiß, dass ich dort richtig bin und ich mich auf alles verlassen kann. Würde es meine gute Fee dort nicht mehr geben, wäre dort stattdessen eine Maschine, die billiger ist, dann wäre ich da Kundin, wo es billiger ist. Und im Zweifel wäre das woanders.

Stellen Sie sich vor, Sie wären der Besitzer dieser Reinigungsfirma. Würden Sie die engagierte Angestellte entlassen und durch eine Maschine ersetzen? Und damit riskieren, dass Sie einen Großteil Ihrer Kundschaft verlieren? Vermutlich nicht. Aber würden Sie jemanden durch eine günstigere Maschine ersetzen, der jeden Tag nur Dienst nach Vorschrift macht und keine Bindung zum Kunden hat? Der Ihnen also keinen Mehrwert gegenüber einer Maschine bietet? Vermutlich ja.

Wenn es keinen Wettbewerbsvorteil mehr über ein Produkt gibt, musst du entweder billiger sein um zu überleben oder persönlich. Wie meine Reinigung. Sie zeichnet sich nicht durch den besseren Preis aus, sondern durch die bessere Persönlichkeit der Angestellten. Aber nicht nur die Angestellten müssen Persönlichkeit haben, auch die Unternehmen selbst. Sie müssen emotional greifbar sein, sie müssen spürbar sein. Sie müssen für eine tiefe Überzeugung stehen, Charakter haben, einen Daseinszweck jenseits ihres Produktes haben und individuell sein. Genau das bedeutet UPP. Finden Unternehmen ihren UPP nicht, wird es sie auf Dauer nicht mehr geben.

Persönlichkeit allein als Überlebensprinzip reicht aber auch nicht. Ein trauriges Beispiel dafür ist das Aussterben der »Tante Emma«-Läden. Sie kennen »Tante-Emma«, oder? Den Dorfladen mit der netten »Tante Emma«, die immer für einen Plausch gut war. Aber dennoch hat es diesen Läden das Genick gebrochen, trotz Persönlichkeit, trotz Beziehung – es gibt Bereiche, in denen uns das Praktikable, und damit der Preis, wichtiger ist als die Emotion. Wir fahren lieber zum Supermarkt oder ins Einkaufszentrum ein paar Kilometer weiter, aber dafür kriegen wir dort alles, was wir brauchen – und das sogar noch billiger. Im Supermarkt legen wir keinen Wert auf einen Plausch mit der Kassiererin und erwarten keinen Small Talk über das Wetter. Nur schnell soll es gehen. Und unfreundlich soll man nicht sein. Ob da jetzt aber eine Maschine sitzt oder ein Mensch, ist uns egal. Hauptsache wir können schnell, günstig und stressfrei das kaufen, was wir wollen. Wir müssen uns in Zukunft also gut überlegen, wo es sinnvoll ist, Beziehungen einzusetzen und wo wir das Feld lieber den Maschinen überlassen wollen.

Meister der Beeinflussung

Ich kann mich noch gut daran erinnern, wie mein Umfeld reagiert hat, als ich erzählt habe, ich werde Verkäuferin. Ich glaube, bei der Ankündigung Leichenbestatterin zu werden wären die Reaktionen nicht viel anders gewesen. Anwältin, Ärztin, Wirtschaftsprüferin, ja, das waren Berufe, mit denen man sich sehen lassen konnte. Aber Verkäuferin?! Um Gottes willen. So sehr Verkäufer früher abgewertet und als unliebsame Randgruppe abgestempelt wurden, so wichtig werden sie in der Zukunft. Denn was ist denn bitte die Basis des Verkaufens? Überzeugungsstärke, oder? Beziehungen bauen. Nachhaltige Bindungen schaffen.

Wie bewerkstelligen wir es nun, in dieser Zukunft zum besten Verkäufer in eigener Sache zu werden? Die Antwort ist relativ einfach: Wir müssen es machen. Wir scheitern fast nie an mangelndem Wissen, sondern fast immer an mangelndem Tun.

Hätten Sie mir, als ich 15 oder 16 gewesen bin, erzählt, dass ich mein Geld einmal mit Akquise und Verkaufen verdiene, hätte ich Ihnen einen Vogel gezeigt. Ich und Verkäuferin? Da prallten Welten aufeinander. Okay, eine Karriere als Rednerin hätte ich Ihnen auch nicht geglaubt. Und Autorin? Ich hätte Sie ausgelacht. Ich bin nicht als Verkaufstalent auf die Welt gekommen. Und als Schreibtalent schon gar nicht. Ich hatte in Deutsch immer eine 4 oder 5. Mein Deutschlehrer hat mir in der Schule glaubhaft vermittelt, ich könne nicht schreiben. Genauso wie ich davon überzeugt war, ich könne nicht schreiben, war ich davon überzeugt, ich wäre schüchtern und eine Niete im Präsentieren. Ich hasste es, in der Schule nach vorne zu kommen und ein Referat zu halten. Heute stehe ich vor mehr als 1.000 Menschen und liebe es. Ich hasste es früher sogar, wenn bei uns daheim das Telefon klingelte und mein Vater mir zurief: »Katja, gehst du ran?« Ich wusste nicht, wer am anderen Ende der Leitung sein würde, und die Vorstellung, mit Fremden zu reden, war der Horror. Ein paar Jahre später verdiente ich mein Geld damit, mit Fremden zu sprechen. Ich habe all das nicht aufgrund von Talent erreicht, sondern aufgrund von Fleiß. Ich habe mich nicht hingestellt und gesagt: »Ich kann das nicht.« Ich habe es einfach gemacht. Nicht einmal, nicht zweimal, sondern über 50.000 Mal. Ich habe insgesamt über 50.000 Kaltakquiseanrufe geführt. Über 7.000 Verkaufsgespräche. Und irgendwann konnte ich es. Apropos Kaltaquise. Ein schönes Beispiel, wie gravierend sich Dinge ändern können. Früher war es kein Problem, Privathaushalte anzutelefonieren. Heute ist die klassische Akquise dank DSGVO tot. Das Schlimme ist, dass viele sich seitdem auch so verhalten wie tot. Aber nur weil eine Tür zu ist, heißt das doch nicht, das keine andere aufgeht. Wir müssen sie nur suchen. Und dafür brauchen wir ein Mindset, das suchen will.

Das macht und das nicht aufgibt, nur weil eine Sache schief-geht. Das kreativ ist und immer wieder nach neuen Chancen Ausschau hält. Was wir auch erreichen wollen –wir müssen es *tun*. Und was Sie tun können, um Ihr Gegenüber zu über-zeugen, sich bestmöglich zu verkaufen, und die Beziehung zu managen ist etwas Einfaches: Wechseln Sie die Brille.

Die vier Schritte des Beziehungstunings

Fällt Ihnen spontan ein Gespräch ein, das Sie mit jemanden geführt haben und das Sie furchtbar fanden? Oder nervig? Mit einem Verkäufer, einem Kollegen, einem Kunden, mit wem auch immer?

Wenn Sie sich dieses Gespräch noch mal vor Ihr inne-res Auge holen, was genau fanden Sie an dem Gespräch so furchtbar? Den Inhalt? Oder eher, wie der Inhalt transpor-tiert wurde? In der Regel ist es die Beziehungsebene, die uns abstößt, nicht die Informationsebene. Und genau da müssen wir ansetzen, wenn wir ein Gespräch nicht in den Keller fah-ren wollen. Wir brauchen Werkzeuge und Techniken, wie wir den anderen emotional abholen anstatt ihn abzustoßen.

Unabhängig von der Tatsache, dass Beziehungen immer auf emotionaler Ebene gebaut werden, unabhängig davon, dass wir stets auf dem Weg vom Schmerz zur Freude über-zeugen und unabhängig davon, dass wir unser Gegenüber spüren müssen, helfen uns vier einfache Schritte dabei, zu jedem Menschen eine gute Beziehung aufzubauen. Und diese Schritte sollten wir beherrschen.

1. Schritt: Vom-Ich-zum-Du-Modus
   Die erste Falle, in die wir beim Beziehungstuning tappen können, ist die »Ich-Falle.« Wir sehen die Situation aus unserem Blickwinkel und glauben, dass der andere das genauso sieht. Die Folge ist: Wir reden die ganze Zeit nur

von uns. Wir reden darüber, wie *wir* das sehen, woran *wir* glauben, warum *wir* da nicht zustimmen, usw.

Wir reden über uns und erwarten, dass wir den anderen damit überzeugen oder für uns gewinnen. Aber warum sollten wir? Nur weil wir begeistert von etwas sind, muss es unser Gegenüber nicht auch sein.

Beziehungen schaffen wir nur, wenn wir uns für den anderen interessieren und nicht für uns selbst. Nicht die Brille des Verkäufers entscheidet, sondern die des Käufers. Nicht Ihre Brille entscheidet über eine Gehaltserhöhung, sondern die Ihres Chefs. Und andersherum ist es genauso: Wenn Ihr Chef Ihnen einen einstündigen Monolog darüber hält, warum er will, dass Sie eine neue Aufgabe übernehmen, auf die Sie keine Lust haben, dann ist es schön, dass er das will, aber deswegen wollen Sie noch lange nicht, oder? Er hat Sie damit informiert, aber weder motiviert noch emotional involviert. Mit ichbezogenen Botschaften vermitteln wir Informationen, aber wir bauen keine Beziehung auf. Im Gegenteil: Wir zerstören Sie.

Wenn Sie Menschen überzeugen und beeinflussen wollen,

- Reden Sie nicht über sich, reden Sie über den anderen.
- Reden Sie nicht darüber, was Sie wollen. Reden Sie darüber, was das, was Sie wollen, für Ihr Gegenüber bedeutet.
- Reden Sie nicht darüber, was Sie alles Tolles können und leisten, sondern darüber, was Ihre Leistung für Ihr Gegenüber bringt.
- Reden Sie also mit Ihrem Kunden nicht darüber, warum Sie glauben, dass Sie der Beste für den Auftrag sind, sondern darüber, was Ihr Kunde davon hat, wenn er sich für Sie entscheidet.

Wenn Sie es dann noch schaffen, Ihr Gegenüber emotional vom Schmerz zur Freude zu führen und damit die wichtigsten beiden Handlungsemotionen zu treffen, sind

Sie weit vorne im Beziehungsbus. Erzählen Sie Ihrem Partner also nicht, warum *Sie* diese neue Tasche unbedingt haben wollen. Oder das neue Auto. Erzählen Sie ihm lieber, dass *er*, wenn er Ihnen die Tasche schenkt, den ganzen Urlaub Ruhe vor weiteren Shoppingtouren hat. Und erzählen Sie ihm, wie glücklich *er* Sie machen wird, wenn er Ihnen diese Tasche schenkt. Sie können ja mal überlegen, wie so ein Wechsel vom Ich zum Du und der Bogen vom Schmerz zur Freude für ein Auto aussehen könnte.

In dem Moment, in dem Sie vom Ich zum Du wechseln, fangen Sie an, eine Beziehung aufzubauen. Denn jetzt nehmen Sie den anderen mit in Ihr Boot, während Sie vorher allein vor sich hingeschippert sind.

2. Schritt: Reden Sie nicht, fragen Sie!
Der einfachste und beste Weg, den Ich-Modus zu verlassen und die Welt durch die Augen des anderen zu sehen, ist zu fragen. Wer fragt, der führt. Der Spruch ist wahr. Wir werden niemals erfahren, was der andere denkt, wenn wir ihn nicht fragen. Und wenn wir nicht wissen, was der andere denkt, können wir uns seine Brille nicht aufsetzen. Ein Verkäufer weiß nicht, welche Bedürfnisse sein Gegenüber hat, wenn er nur von sich erzählt. Er glaubt zwar, es zu wissen, weil er soundso viele Gespräche geführt hat, tut es aber nicht.

In Partnerschaften ist es nicht anders. Auch wenn Sie schon zig Jahre mit Ihrem Partner zusammen sind und glauben zu wissen, welche Bedürfnisse er hat, tun Sie es nicht – es sei denn, Sie fragen ihn. Wenn Sie also clever sind, stellen Sie Ihrem Schatz zuerst die richtigen Fragen, um herauszufinden, mit welcher Brille er den nächsten Urlaub sieht, ehe Sie ihm Ihr Wunschdomizil verkaufen. Sammeln Sie erst alle relevanten Informationen, setzen Sie sich dann seine Brille auf und geben Sie ihm die Argumente und Bilder, die er haben will. Die besten Beziehungstuner sind nicht die, die am meisten und klügsten daher schwätzen, sondern jene, die die besten Fragen stellen.

3. Schritt: Lieben Sie, was Sie tun
Menschen können lieben, Roboter nicht. Und genau diese Karte müssen wir spielen. Wie wollen wir andere beeinflussen, wenn wir Sie nicht mögen? Das wäre das Gleiche, als würde ein Schwimmer das Wasser hassen.
Kinder beherrschen dieses »Lieben« übrigens perfekt. Was passiert, wenn fremde Kinder sich zum ersten Mal treffen? Sie wollen einander kennenlernen. Sie gehen nicht aufeinander zu mit Floskeln wie: »Wie geht es dir?«, warten kaum die Antwort ab und legen los mit ihren hochwissenschaftlichen Gesprächen. Nein, Kinder wollen wissen, mit wem sie es zu tun haben. Sie sind involviert und nicht oberflächlich. Sie haben noch diese Neugierde, die wir uns sukzessive im Laufe unseres Lebens abtrainieren lassen. Kinder stellen Fragen. »Wer bist du denn?«, »Warum bist du hier?«, »Wieso machst du das so und so …?« usw.
Und das Beste ist: Kinder interessieren sich wirklich für die Antwort. Sie führen keine oberflächlichen Höflichkeitskonversationen. Kinder sind direkt. Entweder Sie wollen mit uns reden, dann merken wir das auch, oder sie wollen nicht, dann lassen sie uns stehen. Kinder sind einfach herrlich ehrlich. Und genau diese Ehrlichkeit ist es, die unter dem Strich die Bindung aufbaut. Durch Ehrlichkeit spüren wir den anderen. Wenn Sie also keinen Bock auf andere Menschen haben, wenn Sie es nicht schaffen, sich wirklich für Ihr Gegenüber zu interessieren, wenn Sie nicht neugierig sind auf andere Sichtweisen und Einstellungen und wenn Sie das, was Sie tun, nicht lieben, werden Sie es verdammt schwer haben, eine

Beziehung aufzubauen. Oder besser gesagt: es wird unmöglich.

Im Business ist es nicht anders: Heute sind Führungskräfte vielleicht noch teilweise in der Lage, ihre Mitarbeiter aufgrund ihrer formellen Macht und ihrer Position zu führen und damit zu beeinflussen. Aber das bröckelt. Zukünftig funktioniert das nicht mehr. Wenn es die Strukturen nicht mehr gibt, gibt es auch die Konsequenzen daraus nicht mehr. Die Führungskraft der Zukunft kann also nicht mehr aufgrund ihrer Funktion beeinflussen, sondern nur noch aufgrund ihrer Person. Wer seine Mitarbeiter nicht »liebt«, wer nicht wirklich an ihnen und ihren Persönlichkeiten interessiert ist, wer sie quasi »führt nach Vorschrift«, wird sie verlieren. Und damit seine Daseinsberechtigung und seinen Job. Ohne die richtige Emotion erreichen wir nie die richtige Motivation. Und das betrifft nicht nur die Führungskraft. Auch der Verkäufer der Zukunft wird künftig nicht mehr aufgrund seiner Verkäuferrolle überzeugen. Wenn Kunden merken, dass er kein Bock auf sie oder seinen Job hat, dass er sich nicht wirklich für sie als Mensch interessiert, sondern primär für seine Provision, drehen sie um und kaufen woanders. Die Zeiten der Rollen-, Produkt- und Informationshoheit sind vorbei.

Wenn formelle Strukturen wegbrechen, braucht es informelle Strukturen, die den Halt geben. Statt Organigrammen, Maßnahmenkatalogen und Strukturplänen braucht es Vertrauen, Verlässlichkeit und Verbindlichkeit. All diese Dinge erreichen wir aber nur, wenn wir uns tatsächlich für den Menschen interessieren. Wenn wir wissen wollen, wie es dem anderen geht und nicht nur oberflächlich danach fragen. Wenn Sie Ihr Gegenüber beeinflussen wollen, versteifen Sie sich nicht auf den Inhalt und das, was Sie sagen wollen. Das interessiert erst an zweiter Stelle. Interessieren Sie sich für den Men-

schen. Nehmen Sie sich vor, Ihr Gegenüber wirklich kennenlernen und verstehen zu wollen. Und selbst wenn Sie auf jemanden treffen, mit dem Sie nicht wirklich können, akzeptieren Sie, dass wir Menschen unterschiedlich sind. Suchen Sie sich irgendetwas, das Sie sympathisch finden und konzentrieren Sie sich darauf. Sehen Sie es einfach nach dem Motto: »Okay, den hat mir der Herrgott also zum Üben geschickt und da muss ich jetzt durch.«
Lieben Sie aber nicht nur Ihr Gegenüber, lieben Sie auch sich selbst. Denn der beste Köder, Ihr UPP, den Sie in Zukunft auswerfen können, sind Sie selbst.

4. Schritt: Vertrauen Sie Ihrer Intuition!
Haben Sie sich im Nachhinein schon mal geärgert, dass Sie nicht auf Ihr Gefühl gehört haben? Oder kennen Sie Aussagen wie »Mist. Ich habe es gewusst. Hätte ich bloß auf meinen Bauch gehört«? Unser Gefühl sagt uns, was richtig ist. Und was machen wir? Wir hören auf unseren Verstand, um dann festzustellen, dass unser Gefühl Recht hatte. In der Vergangenheit mag das noch funktioniert haben, denn unsere Welt war einigermaßen planbar und vorhersehbar. Wir konnten mit Vernunft in ihr überleben. Heute sieht das anders aus. Unsere Welt ist nicht mehr vorhersehbar. Wenn ich heute nicht weiß, was morgen kommt, kann ich keine vernünftigen Entscheidungen treffen. Wenn Sie also versuchen, der heutigen Welt mit ihrer Vernunft Herr zu werden, wäre das das Gleiche, als würden Sie versuchen, mit dem Tretboot den Atlantik zu überqueren. In Zukunft gewinnt nicht der Verstand, in Zukunft gewinnt die Intuition. Ich kann mich nicht mehr allein auf meine Kopfintelligenz verlassen, ich brauche vor allem meine Bauchintelligenz.

Das Schöne ist: Wir kommen alle mit dieser Bauchintelligenz auf die Welt. Wir lassen sie nur verkümmern. Je älter wir werden, umso mehr gewinnt die Ratio an Macht und irgendwann hat sie unsere Intuition so gut wie verdrängt. Dabei ist es unsere Intuition, die uns kreativ werden lässt. Die uns spontan werden und Visionen umsetzen lässt. Viele der erfolgreichsten Menschen können ihren Erfolg nicht erklären. Sie folgten ihrer Intuition. Steve Jobs ist nur ein berühmtes Beispiel dafür. Wir können Intuition nicht erklären, wir können ihr nur folgen. Das Lustige ist, dass wir bei positiver Wirkung unserer Entscheidung gerne von Intuition reden. Läuft etwas schief, reden wir nicht von Intuition, dann haben wir schlicht »einen Fehler gemacht«. Das Beispiel zeigt, wie dicht Erfolg und Misserfolg zusammenliegen. Beides beruht auf Intuition und wir müssen das eine in Kauf nehmen, um das andere zu erreichen. Fehler können wir in Zukunft nicht mehr vermeiden, da können wir vernünftig sein, wie wir wollen. Wenn wir aber unsere Intuition ignorieren, werden wir nicht nur Fehler machen, wir werden zudem nie wirklich erfolgreich werden.

Lernen Sie, in Zukunft wieder auf Ihre innere Stimme zu hören und ihr zu vertrauen. Es kann sein, dass Ihre Intuition in unserer disruptiven Welt der einzige Halt ist, den Sie haben.

Ihr Zukunfts-Joker: Was kann Sie jetzt noch aufhalten?

Das waren sie, Ihre ersten fünf Schlüssel. Jetzt kann Sie nur noch eine Sache bremsen: Erfahrungen. Unsere lieb gewordenen Erfahrungen, die uns bis jetzt sicher durch das Leben getragen haben, und die wir jetzt teilweise über Bord werfen müssen.

Stellen Sie sich vor, Sie sind 20 Jahre lang nur einen Automatikwagen gefahren. Wie weit bringen Sie jetzt diese Erfahrungen, wenn Sie plötzlich in einem Auto sitzen, in dem Sie die Gänge selbst schalten müssen? Erfahrungen helfen uns immer dann, wenn unsere Umwelt nahezu konstant bleibt. Ändert sich die Umwelt, behindern uns die Erfahrungen. Denn dann halten sie uns in der Vergangenheit fest und verbauen uns unter Umständen die Möglichkeit, weiterzukommen.

Wenn Sie zehnmal hintereinander die Erfahrung gemacht haben, dass Sie in Diskussionen den Kürzeren ziehen, was machen Sie dann beim elften Mal? Sie versuchen, der Diskussion aus dem Weg zu gehen. Sie werden ja sowieso wieder verlieren. Und damit haben Sie Recht. Mit diesem Erfahrungsmuster schaffen Sie es nicht. Denn jetzt sind Sie im Teufelskreis. Sie haben mit einer Sache negative Erfahrungen gemacht, projizieren diese in die Gegenwart und schwupps, ehe Sie sich's versehen, haben Sie den Mist aus der Vergangenheit auch im Hier und Jetzt. Befreien sie sich aus diesem Teufelskreis und nehmen Sie nur die Erfahrungen mit in die Zukunft, die Sie mitnehmen wollen.

Das war doch schon immer so

Was glauben Sie, warum halten wir so gerne an Erfahrungen fest und stehen damit uns selbst und den Veränderungen in Zukunft im Weg? Zwei Dinge haben wir schon beleuchtet. Erstens bekommen wir mit der Muttermilch unser Streben nach Sicherheit und Planbarkeit eingeimpft und als Zugabe kriegen wir noch unseren unbändigen Wunsch nach Perfektion und Fehlerfreiheit anerzogen. Das Ergebnis ist ein Mensch, der nichts falsch machen will, der alles planen will und Angst vor Unsicherheit hat. Und diesen Menschen setzen wir jetzt in einer chaotischen Umwelt aus, in der sich jederzeit alles ändern kann. Das kann nicht funktionieren. Die Umwelt können wir nicht ändern, also müssen wir uns ändern. Wir müssen lernen, loszulassen. Zuallererst unsere Erfahrungen.

Okay, nicht alle. Aber jene, die uns bremsen. Wie sehr uns Erfahrungen ausbremsen können, habe ich erlebt, als ich pleite war. Ich hatte bis zu diesem Zeitpunkt zwölf Jahre lang nichts anderes gemacht, als Immobilien zu verkaufen. Darin war ich gut, sogar besser als die meisten. Als ich dann meine Provisionen nicht mehr bekam und irgendwann den Laden zumachen musste, wusste ich erst mal nicht weiter. Ich war komplett aus dem Leben gerissen und hatte keine Idee, wie meine Zukunft aussehen sollte. Nicht nur, dass ich wirtschaftlich am Ende war, ich war es auch seelisch. Ich hatte keine Idee, wie ich zukünftig Geld verdienen sollte. Klar war mir nur, dass ich keine Immobilien mehr verkaufen wollte. Was ich stattdessen tun sollte, wusste ich aber nicht. Ich konnte doch nur das. Etwas anderes, als zu verkaufen, hatte ich nicht gelernt. Ich hatte keine Idee von Seminaren, vom Bücherschreiben und wusste noch nicht mal, dass »Redner« ein Beruf ist. Geschweige denn, dass ich mir zugetraut hätte, auch nur einen dieser Bereiche auszufüllen. Ich? Plötzlich erfolgreiche Autorin? Das kam in meinem Weltmodell nicht vor. Ich hatte doch keine Erfahrung.

Und genau das ist das Problem mit unseren Erfahrungen. Sie geben uns Halt im Hier und Jetzt, nehmen uns aber den Halt, wenn sich Dinge verändern. Denn wenn sich Dinge verändern, haben wir nichts, worauf wir zurückgreifen können. Wenn wir keine Erfahrungen haben, haben wir keine Sicherheit. Das ängstigt uns, Angst wollen wir nicht, also weichen wir aus. Oder anders ausgedrückt: Wir bleiben bei dem, was wir kennen – und damit bleiben wir in der Vergangenheit kleben.

Prophetische Gaben

Aber nicht nur, dass wir an der Vergangenheit festhalten, nein, wir entwickeln dazu sogar prophetische Fähigkeiten. Wir maßen uns an, aufgrund unserer Vergangenheit zu wissen, was die Zukunft bringen wird. Wir nehmen unsere Erfahrungen aus der Vergangenheit und schließen aus ihnen auf die Zukunft. Das Ergebnis sind Aussagen wie: »Das? Das brauche ich gar nicht zu versuchen. Da weiß ich schon jetzt, dass das nicht funktioniert.« Oder: »Mit dem reden? Da ist Hopfen und Malz verloren. Das habe ich schon zig Mal gemacht. Kannst du dir sparen, das bringt nichts.« Vielleicht fallen Ihnen noch andere ähnliche Beispiele ein. Wir denken, wir wissen, was passieren wird. Aber woher wissen wir das, wenn wir es nicht versucht haben? Woher wollen wir heute wissen, was in Zukunft funktioniert oder nicht, wenn wir gar keine Idee haben, wie die Zukunft genau aussieht? Woher will ich wissen, dass ich nicht präsentieren kann, wenn ich nie versucht habe, es professionell zu lernen? Woher will ich wissen, dass Kunden zukünftig immer mehr über Preis gehen werden, wenn ich nicht versucht habe, morgen mal einen anderen Köder zu nutzen?

»Aber bisher war es immer so.« Vielleicht schießt Ihnen so ein Gedanke gerade durch den Kopf. Und damit haben Sie Recht. Es musste auch immer so sein, denn wie Sie bereits wissen, folgt Ihr Handeln stets Ihrem Fokus. Es musste so sein, weil Sie es so erwartet haben.

Vielleicht hegen Sie ja den Wunsch oder sogar den Traum, etwas komplett anderes zu machen. Einen anderen Beruf, ein anderes Leben zu führen, an einem anderen Ort zu leben oder sogar in einem anderen Land. Und vielleicht lief bei Ihnen ein ähnlicher Film ab wie bei mir damals. Vielleicht gingen Ihnen Dinge durch den Kopf wie: »Wie soll das gehen? Ich habe doch gar keine Erfahrung. Ich habe nichts anderes gelernt. Ich spreche die Sprache nicht!« usw. Und vielleicht haben Sie das Gleiche gemacht wie ich am Anfang.

Sie haben all Ihre Wünsche ad acta gelegt, nach dem Motto: »Funktioniert sowieso nicht.«

Unabhängig davon, dass wir, wenn wir so agieren, irgendwann am Ende unseres Lebens auf einen Friedhof unserer begrabenen Träume zurückblicken, werden wir mit dieser Strategie nicht weiterkommen im Leben. Wenn Sie jeden Tag das machen, was Sie immer gemacht haben, werden Sie auch das bekommen, was Sie immer bekommen haben. So hat es bis gestern funktioniert. Heute und in Zukunft wird es etwas anders. Denn das, was gestern Alltag war, gibt es heute vielleicht gar nicht mehr. Und auf einmal merken Sie, dass die Dinge, so wie Sie sie kannten, nicht mehr gelten. Dass das, was bis dato funktioniert hat, auf einmal nicht mehr funktioniert. Und plötzlich ist nicht mal mehr auf Ihre Erfahrung Verlass.

Lassen Sie los!

So schlimm die Zeit damals für mich war, hatten die Pleiten tatsächlich ihr Gutes. Ich hatte nichts mehr, woran ich mich festhalten konnte. Alles war weg und auf einmal war ich frei. Ich hatte nichts mehr zu verlieren.

Nachdem ich akzeptiert hatte, dass ich gescheitert war, nachdem ich verstanden hatte, dass nichts mehr so sein würde, wie es mal war, konnte ich mir plötzlich alles vorstellen. Ich hatte keine Fesseln mehr, die mich in der Vergangenheit zurückhielten. Ich stand nicht mehr da und überlegte: »Etwas völlig Neues machen? Seminare geben? Wie soll das denn gehen?« Auf einmal dachte ich: »Was, Seminare geben? Warum denn nicht!« Und genau das habe ich getan. Und genau das hat funktioniert. Das, was ich mir zuvor in meinen kühnsten Träumen nicht vorstellen konnte, wurde plötzlich Wirklichkeit. Aber nicht, weil die Umstände plötzlich so super waren, im Gegenteil. Die waren so schlecht wie nie zuvor. Jeder, der schon mal pleite war in Deutschland, weiß, das ist kein Zuckerschlecken. Aber nicht die Umstände entscheiden, was passiert, sondern das, was wir aus ihnen machen. Nicht das, was in Zukunft passiert, entscheidet, wie erfolgreich Sie werden, sondern das, was Sie aus der Zukunft machen.

Programmieren Sie sich um!

Wären Sie ein Computer, wäre es relativ einfach. Dann würde ich sagen, gehen Sie alle Ihre Dateien durch, markieren Sie, was Ihnen im Weg steht auf Ihrer Zukunftsreise, markieren Sie all Ihre negativen Erfahrungen, befördern Sie Ihre Markierungen in den Mülleimer und drücken dann auf »löschen«. Weg damit!

So einfach funktioniert das bei uns Menschen leider nicht. Wir können unsere Erfahrungen nicht weglöschen, aber wir können sie in Zukunft anders bewerten. Es ist nie die Sache an sich, die etwas schlimm macht, sondern immer das, was wir aus der Sache machen. Wir haben uns mit diesem Phänomen schon beim ersten Schlüssel befasst.

Wir können zwar Dinge nicht einfach aus unserem Leben löschen, aber wir können uns und damit unseren Fokus und unser Handeln umprogrammieren, indem wir den Dingen eine neue Bedeutung geben. Ich habe beispielsweise mein Leben lang gedacht, Erfolg hätte etwas mit Glück zu tun, Misserfolg mit Pech. Und eine Zeitlang war ich davon überzeugt, eben ein Pechvogel zu sein. Mit jeder neuen negativen Erfahrung wurde dieser Glaubenssatz weiter gefüttert und mein Negativ-Mindset drehte sich schneller. Die Erfahrungen meiner Vergangenheit wurden so zu meiner Zukunft. Zum Glück ist es nie zu spät, dem Leben eine neue Richtung zu geben. Als mir irgendwann bewusst wurde, dass ich mich mit meinen Erfahrungen immer weiter in den Mist ritt, fing ich an, all meine Erfahrungen und Glaubenssätze infrage zu stellen. Sie darauf zu prüfen, ob das, was mir passierte, wirklich unerschütterliche Realität war oder eine Überzeugung, die mir im Weg stand. Vielleicht ahnen Sie, wie das Ganze ausgegangen ist. Die meisten Dinge, die mir im Weg standen, waren keine Realitäten, es waren Glaubenssätze, und damit war ich es selbst, die mir im Weg stand.

Seitdem ist Erfolg für mich kein Ergebnis mehr von Glück, sondern davon, die »richtigen Dinge zu verfolgen«. Wir müssen das, was wir erreichen wollen, im Fokus haben, die Realisierung anstreben. Dann kommt das Glück von »gelungen«. Erfolg ist das Ergebnis unserer Gedanken und Taten, nicht mehr und nicht weniger. Ich bin kein Pechvogel und ich war es nie. Ich war nur eine Zeitlang nicht in der Lage, das zu erkennen.

Unsere Glaubenssätze sind immer Produkte unserer Erfahrungen. Wenn wir neue Glaubenssätze haben wollen, brauchen wir neue Erfahrungen. Wir brauchen ein neues Mindset. Programmieren Sie sich also um. Sehen Sie zu, dass Sie mit dem richtigen Sprit in die Zukunft fahren. Schaffen Sie sich ein Mindset, dass dafür sorgt, dass Ihre Überzeugungen und Erfahrungen künftig Ihr Motor sind und nicht Ihre Bremse. Das schaffen Sie, wenn Sie die folgenden vier Schritte beherzigen.

Mindset 4.0

1. Finden Sie den Treibstoff!
   Wenn wir unsere alten Erfahrungen loslassen wollen, müssen wir zuerst unsere Blickrichtung ändern. Von hinten nach vorne. Von der Vergangenheit in die Zukunft. Es ist sinnlos, dass wir uns die Frage stellen: Wie hat die Vergangenheit funktioniert? Wir müssen uns die Frage stellen: Wie hätte ich es gerne in der Zukunft?

Brandl/Porsch: Der Zukunfts-Code

Sie brauchen den richtigen Treibstoff durch die Zukunft. Machen Sie sich daher zuerst eine Liste mit all Ihren Träumen und Visionen. Überlegen Sie sich, welche Ziele und Wünsche Sie für Ihre Zukunft haben und schreiben Sie diese auf. Schreiben Sie alles auf, was Ihnen einfällt. Auch die Träume, die Sie vielleicht längst begraben haben oder an die Sie sich bisher noch nicht herangetraut haben. Werten Sie nicht, ob Sie Ihren Traum für realistisch und erreichbar halten. Darum geht es hier nicht. Agieren Sie frei nach dem Pippi-Langstrumpf-Prinzip: Ich baue mir die Welt so, wie sie mir gefällt. Am Anfang mag Ihnen das vielleicht komisch vorkommen, oder auch albern. Nach dem Motto: »Träumen? Ich bin doch erwachsen!« Aber glauben Sie mir: Genau deshalb dürfen Sie ja träumen, denn als Erwachsener haben Sie alles in der Hand, um Ihre Träume auch wahr werden zu lassen. Nehmen Sie sich Ihre »Wunschliste« dann ein paar Tage später noch mal vor und entscheiden sich für Ihre drei wichtigsten Punkte. Was bewegt Sie am meisten? Was treibt Sie am meisten an? Wenn Sie das wissen, sind Sie bereit, zu starten.

2. Finden Sie die Bremsklötze
Im nächsten Schritt schreiben Sie auf, was Sie daran hindert, Ihre drei wichtigsten Ziele, Wünsche und Träume zu erreichen. Formulieren Sie Ihre Gedanken ruhig aus. Das wird Ihnen dabei helfen, Klarheit zu bekommen. Das, was jetzt vor Ihnen steht, sind Ihre Bremsklötze, die Sie davon abhalten, Ihre Ziele zu erreichen. Sie sind das Produkt Ihrer Erfahrungen und damit das, was Sie in der Vergangenheit festhält.

3. Beseitigen Sie die Bremsklötze!
Beseitigen Sie jetzt Ihre Bremsklötze, in dem Sie sie komplett infrage stellen. Finden Sie heraus, ob Sie diese Dinge

wirklich abhalten, oder ob Sie sich selbst abhalten. Dabei helfen Ihnen Fragen wie:

- Bin ich sicher, dass es wirklich so ist? Ist das, was ich glaube, eine universelle Wahrheit oder nur meine Überzeugung? Ist es z.b. eine universelle Wahrheit, dass man nicht ohne Studium erfolgreich sein kann? Ist es eine universelle Wahrheit, dass Sicherheit wichtig ist? Ist es eine universelle Wahrheit, dass man nicht aus seiner Haut kann? usw.
- Würde ich mein Jahresgehalt wetten, dass es bei keinem Menschen anders abläuft?
- Gibt es Menschen, die diese Bremsklötze aus dem Weg räumen könnten?

Sie werden erkennen, dass es sich bei den meisten Punkten nicht um universelle Bremsklötze, nicht um höhere Gewalt handelt, sondern dass es Ihr Mindset ist, was Ihnen da im Weg steht.

4. Starten Sie Ihren Motor

Fragen Sie sich nun, ob Sie weiter an diesen Bremsklötzen festhalten wollen. Dabei helfen Ihnen wieder Fragen:

- Wie würde mein Leben aussehen, wenn ich die genau gegenteilige Überzeugung hätte?
- Will ich diesen limitierenden Zukunftssatz weiter glauben?
- Bringt er mich zum Ziel?
- Wird sich mein Leben verbessern, wenn ich weiterhin an diesem Glaubenssatz festhalte?
- Welche Vorteile hätte es, wenn ich diesen Glaubenssatz loslassen würde?
- Wie fühlt es sich an, wenn ich mich von diesem Glaubenssatz befreie?

Rufen Sie sich eine typische Situation in Erinnerung, in der Ihnen Ihre Bremsklötze im Weg waren. Denken Sie an die Situation zurück und stellen Sie sich vor, Sie wären

Brandl/Porsch: Der Zukunfts-Code

noch mal in dieser Situation, allerdings ohne Bremsklötze. Sie würden nicht denken: »Ich kann nun mal nicht über meinen Schatten springen«, sondern das genaue Gegenteil, nämlich: »Ich kann in Zukunft über meinen Schatten springen, und wie ich das kann!«

Malen Sie sich aus, wie die Situation ausgegangen wäre, wenn Sie so gehandelt hätten. Wie fühlt es sich jetzt an, wenn Sie an diese Situation denken? Vermutlich weitaus besser als mit Bremsklötzen, oder? Wollen Sie also weiter an Ihren Bremsklötzen aus Schritt zwei festhalten? Nein? Dann räumen Sie sie aus dem Weg!

Jetzt!

Nun können Sie fast durchstarten in die Zukunft. Sie haben den richtigen Sprit. Sie wissen, wo Sie hinwollen. Sie kennen Ihre Bremsklötze und wissen, was Sie abhält. Sie wissen auch, wie Sie Ihre Bremsklötze beseitigen können, denn Sie liegen bei Ihnen begründet. Und zu guter Letzt haben Sie sich dafür entschieden, dass Sie Ihre Bremsklötze nicht mehr wollen. Dann bleibt nur noch eines, das Sie jetzt tun müssen: Ihren Motor anlassen. Setzen Sie sich vorne in den Bus, übernehmen Sie die Verantwortung und starten Sie. Fragen Sie sich: »Was kann ich jetzt tun, um meine Träume zu erreichen?« Werden Sie aktiv. Und zwar *jetzt*! Machen Sie sich Ihren Fahrplan und dann legen Sie los. Wie genau, das erfahren Sie jetzt von Peter.

B.R.A.I.N. – der Geist
der Zukunft 4.0

Mit *P.O.W.E.R.* hat Katja die erste zentrale Säule in unserem Konzept dargestellt. Im zweiten Teil des Buches geht es jetzt um *B.R.A.I.N.* und damit um meinem Part, der die zweite Säule bildet.

Power und *Brain*, widerspricht sich das? Im Gegenteil. Power, also Kraft oder auch Macht ohne Brain, also Hirn und Verstand, ist sinnlos. Da rumst es höchstens, aber sonst passiert nichts. Umgekehrt nützen aber auch der Verstand, das ganze Wissen und alles Verständnis der Welt nichts, wenn man nicht die Kraft hat, die Dinge umzusetzen und auf die Straße zu bringen. Jeder hat so etwas auch schon erlebt – im Großen wie im Kleinen. Hier in Berlin wird zum Beispiel der Kurfürstendamm als Piste für illegale Autorennen missbraucht. Junge Männer – sehr viel Power, aber kein Brain. Aber es muss nicht so ein Extrembeispiel sein. Es gibt massenweise Beispiele, wo mit unglaublichem Aufwand an Ressourcen, also mit unwahrscheinlich viel Power, ein Projekt an den Start gebracht wurde. Um in Berlin zu bleiben, fällt mir da natürlich sofort der neue »Flughafen« BER ein. Wahnsinnig viel Geld ist hier versenkt worden. Als ob es nur darum ginge, ein für alle Mal zu beweisen, dass all die Power nichts nutzt, wenn eine klare Strategie, wenn das *Brain* fehlt.

Jetzt könnten Sie einwenden: »Stimmt, aber das war doch schon immer so.« Und damit haben Sie Recht. Der Unterschied ist nur, dass die Kombination aus Power und Brain früher zwar auch schon wichtig war – heute ist sie überlebenswichtig. in dieser extrem agilen Zeit, auf die wir uns einstimmen sollten, brauchen wir beides, Power und Brain. Beide gehören zusammen. Sie bauen aufeinander auf und ergänzen sich gegenseitig. Und doch stehen diese beiden Aspekte manchmal auch für unterschiedliche Blickwinkel und Herangehensweisen. Diese unterschiedlichen Herangehensweisen sind natürlich nicht konfliktfrei. Im Gegenteil: Der Power-Part ist regelmäßig genervt, wenn Brain mal wieder alles reflektiert infrage stellt und analysiert. Auf der anderen Seite vergaloppiert sich *Power* auch regelmäßig und zwar an Stellen, die *Brain* längst vorhergesehen hätte. Beide Teile sind zentral wichtig und beide ergänzen einander. Erst wenn beide wirklich genutzt werden, kann ein Mensch sein volles Potential entfalten.

Was wird passieren?

Der Wiener Professor Markus Hengstschläger entwickelt in seinem Buch »Die Durchschnittsfalle« einen interessanten Gedanken. Und zwar unterscheidet er zwischen vorhersehbarer Zukunft und unvorhersehbarer Zukunft. Spannenderweise findet fast alles, was wir normalerweise mit Zukunft assoziieren, im Bereich der vorhersehbaren Zukunft statt. Vorhersehbar bedeutet nämlich nach Hengstschläger alles, was mit – zumindest statistischer – Sicherheit passiert. Wir alle werden irgendwann sterben, das ist sicher. Ein bestimmter Prozentsatz von uns wird an einem Magengeschwür erkranken. Wir wissen noch nicht genau wer und wann, aber wir wissen, dass es passieren wird. Wenn wir ein Kind sehen, wissen wir, dass dieses Kind heranwachsen wird. Irgendwann wird es die Schule beenden, ein Studium oder eine Ausbildung beginnen und wahrscheinlich eine Familie gründen. Natürlich weiß ich, dass das nicht der Lebensweg eines jeden einzelnen Kindes sein wird, aber selbst die Ausnahmen können wir allesamt statistisch beziffern. Wenn wir aber ziemlich genau wissen, was passieren wird, einfach weil wir genügend Daten und Erkenntnisse aus der Gegenwart haben, können wir dann überhaupt von Zukunft sprechen? Oder ist das im Prinzip nur Gegenwart, die noch nicht stattgefunden hat? Zugegeben, das war jetzt etwas philosophisch. Es hat aber konkrete Konsequenzen. Zum einen ist da das Gegenteil, nämlich die unvorhersehbare Zukunft. Zum anderen beeinflusst dieses Konzept natürlich zentral die Art und Weise, in der wir uns über zukünftige Entwicklungen Gedanken machen sollten. Aber eins nach dem anderen.

Unvorhersehbare Zukunft beschreibt das, was man sich nicht einmal vorstellen kann, es sei denn, man ist Science-Fiction-Autor. Ein typisches Beispiel hierfür ist die Entwicklung der Telekommunikation. Ich musste gerade an einen sehr guten Freund denken, der leider vor vielen Jahren tödlich verunglückt ist. Wir waren beide gleich alt und der Unfall passierte vor etwa 25 Jahren. Ich erzähle Ihnen das deshalb, weil mir erst vor Kurzem bewusst geworden ist, dass dieser Mensch nie ein Handy besessen hatte. Wenn wir damals weggegangen sind, haben wir noch richtig Telefonnummern ausgetauscht anstatt zu whatsappen. Die wenigsten hatten damals so ein Mobiltelefon und wenn, wurden sie gern als Angeber abgestempelt. Aber ehrlich: So richtig gefehlt hat uns nichts. Wir wussten ja auch gar nicht, was uns hätte fehlen sollen. Genau das meint »unvorhersehbare Zukunft«. Oder erinnern Sie sich an die Fußballweltmeisterschaft 2006 in Deutschland? Wissen Sie, was das am häufigsten gepostete Bild bei dieser WM war?

Keines!

Das iPhone wurde nämlich erst 2007 erfunden und Facebook steckte noch absolut in den Kinderschuhen. Nur der Vollständigkeit halber: Facebook wurde 2004, also zwei Jahre vor der WM von einem Studenten namens Mark Zuckerberg gegründet. Kein Mensch hätte sich so etwas vorher vorstellen können und deshalb hat es auch keiner vermisst. Und dann kommt plötzlich eine dieser disruptiven Veränderungen und alles wird anders. Vor 25 Jahren war ich einer der wenigen, die ein Handy besessen haben. Heute habe ich keinen Festnetzanschluss mehr (zumindest keinen privaten), dafür habe ich aber seit damals die gleiche Telefonnummer.

Das Wesen von nicht vorhersehbarer Zukunft liegt schon im Namen. Wir können sie nicht vorhersehen und haben keine Ahnung, was kommt. Wenn wir aber keine Ahnung haben, was kommt, können wir uns auch nicht darauf vorbereiten. Logisch, oder? Das reicht aber noch nicht! Der Zustand nach so einer disruptiven Veränderung hat oft nichts mehr mit dem zu tun, was vorher war. Deshalb helfen uns eben unsere Erfahrungen nicht mehr weiter. Erfahrungen bauen auf dem auf, was war und projizieren daraus Rückschlüsse in die Zukunft. Wenn aber die Zukunft nichts mehr mit dem zu tun hat, was war, müssen die Rückschlüsse daraus mit hoher Wahrscheinlichkeit falsch sein. Und genau darin liegt die Herausforderung. Wenn Sie sich selbst manchmal Dinge sagen hören wie »So ein Blödsinn«, »Das funktioniert nie« oder »Wie soll der etwas zu dem Thema sagen können? Hat der überhaupt eine entsprechende Ausbildung?«, dann denken Sie doch mal darüber nach, ob es Ihnen vielleicht gerade so geht wie Thomas Watson, Chairman von IBM, der 1943 gesagt hat, dass es weltweit einen Bedarf von vielleicht fünf Computern gäbe. Er konnte es sich einfach nicht anders vorstellen.

In diesem Buch versuchen wir uns möglichst an die vorhersehbare Zukunft zu halten. Wir versuchen schlicht und einfach, die vorhandenen Daten zu sammeln und daraus eine möglichst plausible Ableitung für die Zukunft zu treffen. Nehmen wir das Beispiel Vertrieb und Verkauf. Wir sind der Meinung, dass es den Verkäufer, wie wir ihn heute kennen, in Zukunft nicht mehr geben wird. Und nein, den Berater wird es erst recht nicht mehr geben. Seien wir doch bitte ehrlich zu uns selbst. Wie stark nutzen wir Beratung? Ich zum Beispiel bin gerade dabei, zwei neue Videokameras anzuschaffen. Katja hat darauf hingewiesen, dass wir mit der Personal Skills Academy (PSA) ein Tool geschaffen haben, das es jedem ermöglicht, die existenziellen Werkzeuge für die Zukunft 4.0 zu erlernen und zu trainieren. Und nachdem wir für diese Academy jede Menge Videos produzieren, braucht es eben Videokameras. Wie gehe ich jetzt vor: Ich habe erst einmal versucht, mir im Internet einen Überblick über die Angebote an Videokameras zu verschaffen. Mit diesem Versuch bin ich kolossal gescheitert. Also suchte ich in Berlin ein Fachgeschäft auf, um erst einmal eine Idee davon zu bekommen, wonach ich überhaupt suchen soll. Mit diesem Wissen im Gepäck suche ich jetzt daheim im Internet Detailinformationen weiter. Damit wir uns richtig verstehen: Ich werde die Kameras nicht im Internet, sondern in diesem Laden kaufen. Die sind clever genug, mir eine Preisgarantie zu geben, das heißt, ich kann dort zum gleichen Preis wie im Internet kaufen – aber eben vor Ort. Nur Fakt ist: Den Verkäufer als Berater brauche ich eigentlich nicht.

Kunden sind heute informiert. Im Zweifel sind sie sogar wesentlich besser informiert, als das ein Verkäufer jemals sein kann. Und diese Entwicklung wird noch weiter gehen. In Zukunft werde ich nicht einmal mehr selbst suchen. Das macht dann *Alexa* oder *Siri* oder wer auch immer für mich. Dann gebe ich nur noch den Auftrag: »*Alexa*, ich brauche eine Videokamera.« *Alexa* weiß, wofür ich die Kamera einsetze, weil *Alexa* die Videos, die auf meiner Festplatte gespeichert sind, analysiert. *Alexa* weiß, welche anderen Geräte ich in meinem Videostudio habe und womit die Kameras kompatibel sein müssen. *Alexa* kennt sogar meinen Kontostand und weiß, was ich mir leisten kann. *Alexa* hat so viele Daten von mir, dass sie die perfekte Kaufentscheidung für mich treffen kann. Bestenfalls fragt sie noch: »Willst du die rechte oder die linke Kamera?«

Hilft KI dabei, den Traumpartner zu finden?

Das für mich Faszinierende an künstlicher Intelligenz ist ihre Lernfähigkeit. *Alexa* kann über ihren Benutzer lernen, indem sie alle möglichen Daten über ihn oder sie sammelt und auswertet. Sie weiß, was er gerne isst, wie sein Schlafrhythmus ist, welche Fernsehsendungen er sieht und welche Vorlieben er hat. *Alexa* stellt aber auch fest, wenn ihr Besitzer sich verändert. Nehmen wir an, *Alexas* Besitzer ist eine junge Frau. Diese junge Frau hat bis jetzt im Durchschnitt ein Flasche Prosecco pro Woche getrunken und zwei Tüten Chips verspeist. Im Schnitt hat Sie gegen Mitternacht den Fernseher ausgeschaltet und ist schlafen gegangen. Morgens war sie dann eher träge und kam nicht so recht aus dem Bett. *Alexa* weiß das natürlich, schließlich verwaltet sie ja den Wecker unserer Protagonistin.

Plötzlich verändert sich etwas. Die junge Frau hört auf, Prosecco zu trinken. Außerdem erhöht sich ihr Chipskonsum. Sie geht auch früher ins Bett. *Alexa* erkennt jetzt eine Musterunterbrechung und sucht das Netzwerk, mit dem *Alexa* gekoppelt ist, also zum Beispiel Amazon, nach ähnlichen Musterunterbrechungen ab. Das Netzwerk sucht nun nach jungen Frauen mit ähnlichen Verhaltensänderungen und vor allem danach, wie sich das Verhalten der Frauen weiter verändert hat. Das ist der Grund, warum *Alexa* seiner Besitzerin plötzlich Werbung für saure Gurken und Literatur für werdende Eltern einspielt. Und damit haben wir das Prinzip künstlicher Intelligenz beschrieben. Daten sammeln, strukturieren, auswerten, nach Musterunterbrechungen suchen und die Ergebnisse auf neue Situationen projizieren. Die Technologie von »Uber« lernt, wann und wo in einer Stadt welche Fahrten vermehrt anfallen. Dabei geht das System wesentlich weiter, als nur den Berufsverkehr vorherzusagen. Uber kann sagen, wann wir uns wohin bewegen wollen. Diese Vorhersage ist natürlich nicht statisch, sondern passt sich Veränderungen in der Infrastruktur an. Baustellen fließen genauso mit ein wie die Eröffnung eines neuen In-Clubs. Und das Spannende ist, alles funktioniert ohne menschliches Zutun.

Genauso lernfähig sind Sprachroboter, die »Chatbots«. Mit Sicherheit kennen Sie diese kleinen Kästchen, die irgendwo auf einer Homepage, meistens mit einer Frage wie »Hallo, wie kann ich Ihnen helfen?« aufpoppen. Jedem dürfte klar sein, dass das keine Menschen, sondern Computer sind, die da kommunizieren. Allerdings haben die meisten von uns immer noch das Gefühl, automatisierte Kommunikation würde nach dem Muster laufen: »Wollen Sie ein Auto kaufen, drücken Sie die Eins. Wollen Sie eine Wohnung mieten, drücken Sie die Zwei!« Doch diese Zeiten sind längst überholt. Heute fragt Sie eine freundliche Stimme, was genau Sie möchten und aufgrund Ihrer Antwort führt das System Sie dann weiter durch den Dialog.

Versuche bei Dating-Apps haben verblüffende, aber auch ernüchternde Resultate hervorgebracht. Niemand hat Lust, ein Online-Profil auszufüllen. Das ist nicht der Grund, warum man eine Dating-Plattform besucht. Deswegen hat die Dating-Plattform *match.com* im April 2017 »Lara« eingeführt. Lara redet mit Ihnen, stellt Fragen, antwortet auf Ihre Fragen und führt Sie so locker und leicht durch den Prozess des Profilerstellens. Befragt nach Ihren Erfahrungen gaben viele Nutzer sogar an, dass ihnen Lara regelrecht sympathisch geworden wäre. Der Nebeneffekt: Die Zahl der Registrierungen stieg durch Lara um 30 Prozent.[1] Aber Lara ist kein Mensch. Lara ist ein Bot. Ein kleines Computerprogramm, das mit Ihnen interagiert.

Wenn diese Begleitung aber beim »Betreten« der App bereits so gut funktioniert, wie gut funktioniert es dann erst später? Tests haben ergeben, dass Bots bis zu 35 Interaktionen selbstständig durchführen können. Das läuft dann so: »Hi, mein Name ist Peter. Wer bist du?« Die Antwort auf diese Frage ist die erste Interaktion. Jetzt können Sie sich in etwa vorstellen, wie das Gespräch auf einer Dating-Plattform weiterlaufen wird. Erst nach 35 Interaktionen muss ein Mensch übernehmen. Vorhersehbare Zukunft! Übrigens: Eine der am häufigsten nachgefragten Einsatzmöglichkeiten für einen Sprach-Bot bei einer Dating-Plattform ist, nervige Kontakte abzuwimmeln. Die Kunden müssen nicht mehr »Nein« sagen. Sie schalten einfach auf den Chat-Bot und der beschäftigt sich die nächsten Jahre mit dem verschmähten Date.

Übrigens: sind Sie sicher, dass die WhatsApp, die Sie Ihrem Kind geschrieben haben, wirklich von Ihrem Kind beantwortet wurde? Vorhersehbare Zukunft.

Aber wenigstens Trainer und Speaker wird es doch wohl in Zukunft noch geben, oder?

Vor einigen Jahren habe ich auf einem Kongress in den USA das erste Mal ein menschliches Hologramm gesehen. Auf einer großen Bühne stand ein Musiker, der E-Gitarre spielte. Bis dahin war daran noch nichts Besonderes, aber plötzlich wurde ein zweiter Teil der Bühne beleuchtet und dort stand plötzlich derselbe Musiker noch einmal. Nicht sein Zwillingsbruder, nicht irgendein Doppelgänger, sondern ein Hologramm von ihm selbst. Und was liegt in einer solchen Situation näher, als dass man ein Duett mit sich selbst spielt? Und das taten die beiden, und zwar ziemlich cool. Der Hologramm-Part ist dabei vorher aufgenommen worden und wurde jetzt einfach abgespielt. Natürlich sah man die Rahmenkonstruktion, die gebraucht wurde, um das Hologramm zu erzeugen. Wenn man sich die aber wegdenkt, war es aus wenigen Metern Entfernung kaum mehr möglich, das Original von seinem Hologramm-Klon zu unterscheiden. Praktisch heißt das, dass Präsentationen in Zukunft aufgezeichnet werden und irgendwo auf der Welt in irgendeinem Veranstaltungssaal abgespielt werden können. Eine physische Präsenz ist nicht mehr nötig. Vielleicht erinnern Sie sich an den Auftritt von Michael Jackson bei den Billboard Awards 2014. Ja, Sie haben Recht. Michael Jackson ist schon 2009 verstorben und trotzdem trat er 2014 auf, als Hologramm. Technologisch faszinierend, aber gleichzeitig zeigte sich ein sehr spannender Effekt: Sehr viele Zuschauer lehnten die Performance ab, fühlten sich teilweise sogar abgestoßen. Warum, dazu später mehr. Jetzt erst einmal zurück zum Thema Lernen und Lehren.

Eine physische Präsenz scheint, zumindest aus technischer Sicht, nicht mehr nötig zu sein. Und das ist natürlich Wasser auf die Mühlen von allen Kritikern der Branche, die mit dem Thema Nachhaltigkeit um die Ecke kommen. Und das Argument ist nicht von der Hand zu weisen. Was bringen klassische Trainings, wie effektiv ist Schule und was bringt klassische Weiterbildung? Ich selbst gebe seit 25 Jahren Seminare und Trainings. Wenn wir die Frage nach der Nachhaltigkeit ehrlich beantworten möchten, können wir nur von »bescheiden« reden. Klar erreichen Trainer einzelne Personen und selbstverständlich ist es möglich, ein Leben zu verändern oder auch eine Unternehmenskultur. Aber werden die vermittelten Inhalte nur wenige Wochen später abgefragt, kommt meist nicht viel an Antworten – das ist übrigens mit dem Stoff für Schularbeiten oder sogar dem Abitur nicht viel anders. Außerdem werden alle über einen

Kamm geschert. Jeder Teilnehmende bekommt die gleichen Inhalte in der gleichen Geschwindigkeit und in der gleichen Darreichungsform. Eigentlich ist es nachvollziehbar, dass das nicht wirklich funktioniert. Stellen Sie sich vor, Sie stehen beim Metzger in der Schlange und jeder bekommt zwei Leberkässemmeln. Egal, was Sie wollten, was Sie brauchen oder wie viel Hunger Sie haben – zwei Leberkässemmeln für jeden. Für den einen klasse, für die meisten wahrscheinlich grauenvoll.

Dabei könnte Wissensvermittlung viel effizienter gehen. Wie, das machen uns vor allem die Jüngeren vor. Ich habe vor einiger Zeit einen Vortrag vor Studierenden gehalten. Konkret war es ein studentischer Verein, der mich eingeladen hatte. Vor meinem Vortrag kamen die üblichen internen Dinge zur Sprache, unter anderem wurde ein neuer Vorstand gewählt. Ein neuer Vorstand bringt meist eine Abschiedsrede des alten Vorstandes mit sich – so auch hier. Amüsant war, wie dieser junge Mann seine Rede aufgebaut hatte. Er begann nämlich sinngemäß damit, dass er noch niemals zuvor eine Abschiedsrede gehalten habe. Also habe er gegoogelt, wie man das macht und im Internet die fünf Schritte zur perfekten Abschiedsrede gefunden. Und an die wolle er sich nun halten.

Was als eine nette Anekdote erscheint, spiegelt die Realität für die meisten Menschen heute wieder. Sie erfahren zum Beispiel um 17.30 Uhr, dass Sie morgen eine Präsentation halten müssen. Um 17.31 Uhr merken Sie, dass Sie davor ordentlich Fracksausen haben. Um 17.32 Uhr googlen Sie nach »Was tun gegen Fracksausen vor Präsentationen« und um 17.33 Uhr erwarten Sie eine Antwort. Sofort verfügbar und nur zu der Frage, die Sie gestellt haben. Nicht erst mal einen kurzen Überblick über die Entwicklung der Rhetorik von der Antike bis heute, auch nicht einen schnellen Abriss über Grundzüge menschlichen Verhaltens. Nein, eine Frage, eine Antwort und das Ganze on demand. Wissen hat sich digitalisiert. Es ist immer, überall und für jeden verfügbar. Ein Wissensvorsprung ist damit weggefallen. Expertenstatus ist sinnlos geworden. Bei Vorträgen oder Vorlesungen googlen die Teilnehmer nach Aussagen des Referenten und können dabei auf das gesamte Wissen des Internets zugreifen. Wer ist nun hier der Experte?

Verkauf, Chat-Bots und Trainer – drei Bereiche und in allen dreien sehen wir deutlich, dass die betreffen Jobs so, wie sie heute sind, keine Zukunft haben. Und alles, was wir dagegenzusetzen haben, ist Katjas *Power*?

Natürlich können Sie sagen, dass sei ziemlich harter Tobak, den Katja geschrieben hat. Sie können sich auch auf den Standpunkt stellen, dass wir das alles etwas idealistisch sehen. Vielleicht meinen Sie sogar, wir würden die Realitäten ignorieren und dieses »Du kannst alles erreichen« und »Positives Mindset«-Gerede wäre alles nur Augenwischerei und würde sowieso nicht stimmen. Und wissen Sie was, Sie haben Recht. Es stimmt auch nicht, zumindest nicht für Sie!

Power ist natürlich noch lange nicht alles, um die anstehenden Herausforderungen zu bewältigen. Sie ist aber die Basis. Wenn Sie sagen, dass seien Selbstverständlichkeiten, dann lassen Sie uns doch einmal die Realität anschauen: Wenn Sie im Mai 2018 nach »Deutschland« googelten, erschienen auf der ersten Seite neben dem obligatorischen Wikipedia-Eintrag, der Wettervorhersage und drei Meldungen über die Flüchtlingskrise, ein Reiseführer und die Seite des DeutschlandCard-Bonusprogrammes, mit dem man bei unterschiedlichen Unternehmen Punkte sammeln und diese gegen Prämien eintauschen kann.

Suchten Sie nach »Situation Deutschland«, war es auch nicht besser: zunehmende Armut; ein Viertel der erwachsenen Deutschen hat Erfahrungen mit illegalen Drogen; 7,2 Prozent der Bevölkerung haben Diabetes und es gibt eine Untersuchung zum Thema Schulsport. Von den Herausforderungen vor denen wir stehen, kein Wort, aber auch nichts von den Stärken und Vorteilen des Landes. Drogenerfahrungen, Diabetes und Schulsport – ist das wirklich alles, was im Zusammenhang mit Deutschland relevant ist? Man kann depressiv werden, wenn man das liest.

Bei Unternehmen geht es in der gleichen Tonlage weiter: Selbst wenn alle Parameter eigentlich positiv sind und die wirtschaftliche Lage gut ist, wird überall das Hohelied des Wehklagens angestimmt – alles wird schlimmer, alles geht zugrunde und überhaupt – das Ende ist nah!

Wir werden nicht mehr gebraucht, Computer nehmen uns die Jobs weg – und kommunizieren, das tun wir auch nicht mehr. Wie können denn bitte zwei Autoren allen Ernstes behaupten, es läge an jedem Einzelnen? Die Fakten sprechen doch eine eindeutige Sprache.

Und natürlich: Wir ignorieren diese Fakten nicht. Wir ignorieren vor allem nicht, dass es Menschen gibt, die von Schicksalsschlägen getroffen wurden. Natürlich ist es nicht so, dass ein Mensch, der an Krebs erkrankt ist, einfach nur seine Gedanken ändern muss und plötzlich wird alles besser. Wir können oft genug die Rahmenbedingungen nicht ändern, aber wir können die Art und Weise ändern, wie wir mit diesen Rahmenbedingungen umgehen, wie wir auf sie reagieren. Vertritt man diese These allerdings zu deutlich in der Öffentlichkeit, sollte man sich warm anziehen. Denn offensichtlich leben wir in einer Kultur, der jeder Mut fehlt. Dadurch fehlt aber auch Vertrauen in die Zukunft, in die eigenen Fähigkeiten und damit leider ebenso die Entschlusskraft, notwendige Dinge anzupacken. Doch woran liegt das, und was noch wichtiger ist: Was braucht es, damit sich diese Kultur ändert?

Es ist gerade ein paar Tage her, dass ich an einer Veranstaltung eines großen Automobilherstellers teilnehmen durfte. Diese Veranstaltung war der Auftakt zu einem weiteren Programm, mit dem Ziel, die Kultur des Unternehmens zu verändern. Ein Baustein in dem neuen Zielbild war eine veränderte Fehlerkultur, und hier wurde ich ins Spiel gebracht. Ich sollte einen Impulsvortrag zum Thema »Positive Fehlerkultur« halten, und anschließend in verschiedenen kleinen Workshops mitwirken, um das Thema zu verankern. Die Veranstaltung war wirklich großartig organisiert und das Konzept ging voll auf. Als erster Programmpunkt kam der oberste Chef, der über die Anstrengungen, aber vor allem über die Erfolge des letzten Jahres sprach. Und es ist tatsächlich so: Das Unternehmen ist extrem erfolgreich – und gleichzeitig hat es sehr viele eingefahrene Macken, die nur schwer zu ändern sind. Seit Jahrzehnten sind die Menschen dort eine sehr restriktive Führung gewohnt – nach dem Motto: »Mach einfach deine Arbeit und kümmere dich nicht um Dinge, die dich nichts angehen.« Jahrzehntelang.

Und plötzlich kommen sie dann, diese Schlagworte. Eigenverantwortung, Flexibilität und Kreativität. Sie können sich vorstellen, dass bei vielen der Zuhörenden ernsthafte Zweifel im Raum standen. Und das ist auch mehr als verständlich. Das Spannende ist aber: Im Gegensatz zu vielen anderen Unternehmen, in denen ich ähnliche Prozesse schon begleitet habe, waren die Mitarbeiterinnen und Mitarbeiter hier praktisch nicht im Widerstand. Klar, es gab einige, die alles sch... fanden, aber von denen hat man nicht viel bemerkt. Das Gros der Teilnehmenden war offen und durchaus bereit, sich auf das einzulassen, was im Raum stand. Aber es gab Zweifel. Weniger Zweifel ob der Sinnhaftigkeit, da waren sich eigentlich alle einig. Die größten Zweifel bestanden ob der Machbarkeit. Also über die Tatsache, inwieweit man diesen Prozess überhaupt bewerkstelligen könne und welchen Einfluss der Einzelne hätte. »Was kann ich schon ausrichten? Was kann die einzelne Führungskraft schon machen? Ich kann doch nicht das ganze Unternehmen verändern.«

Und das stimmt natürlich: Der Einzelne kann wenig ausrichten. Aber was, wenn viele sich auf den Weg machen?

Diese Veranstaltung richtete sich vorwiegend an Führungs-kräfte. Insgesamt waren etwa 800 von ihnen an diesem Tag da, aus allen Bereichen. Meister, Teamleiterinnen, Stab- und Linienvorgesetzte bis hin zum Topmanagement und der Geschäftsleitung. Wenn nur die Hälfte dieser Führungskräfte, wenn nur jeder Zweite sagt: »Ich mache da mit!«, wenn nur jeder Zweite beschließt, etwas in seinem eigenen Bereich zu ändern, gibt es hier plötzlich 400 Führungskräfte, die eine andere Kultur anschieben. Können Sie sich vorstellen, dass das etwas bewirkt?

Natürlich kann der Einzelne nicht die Welt ändern, aber jeder Einzelne kann seinen Beitrag leisten. Jeder und jede Einzelne kann tun, was in seiner oder ihrer Macht steht. Und plötzlich verändert sich etwas. Das ist unsere feste Überzeugung. Und deswegen werden Sie von uns immer wieder hören, dass wir die Rahmenbedingungen nicht ändern können, aber sehr wohl können wir ändern, wie wir mit diesen Rahmenbedingungen umgehen, wie wir auf sie reagieren.

So, entweder sind Sie an diesem Punkt ausgestiegen oder Sie lesen weiter. Wenn Sie noch da sind, vermute ich, dass Sie uns zumindest teilweise zustimmen. Und dann wird es Zeit, mit den Schlüsseln fortzufahren, die notwendig sind, um die Zukunft zu meistern.

B.R.A.I.N. – die zweite Hälfte der Zukunfts-Schlüssel

Ich muss Sie vorwarnen: Auch die zweiten fünf Schlüssel haben wieder in erster Linie etwas mit Ihnen zu tun. Niemand wird dafür sorgen, dass Sie mit den Veränderungen, die durch künstliche Intelligenz, Digitalisierung und Globalisierung entstehen, erfolgreich umgehen werden, wenn nicht Sie selbst. Ich fürchte, es wird auch in dieser Phase der Umwälzungen nicht passieren, dass irgendjemand das Heft in die Hand nimmt und dafür sorgt, dass sich die Situation für alle zum Besseren wendet. Im Gegenteil. Es wird jede Menge Verlierer geben. Die meisten Menschen werden nichts tun, bis der Zug abgefahren ist. Katja hat über dieses Thema schon ausführlich geschrieben, deshalb hier nur noch ein paar Anmerkungen. Ich glaube, dass es beides geben wird – Gewinner und Verlierer. Und wie so oft wird es mehr Verlierer geben als Gewinner. Die Verlierer werden dann wieder zusammensitzen und die Schuld bei jemand anderem, dem System, dem Kapitalismus oder den Politikern finden. Aber eine Sache wird anders sein. Ich bin überzeugt, dass die Probleme nicht nur bei den Menschen einschlagen, die plötzlich keinen Job mehr haben. Ich glaube, dass es gleichzeitig den Unternehmen extrem schwerfallen wird, geeignete Mitarbeiter zu finden! Das klingt doch paradox, oder? Auf der einen Seite massenweise Menschen, die nach einem Job suchen – auf der anderen Seite massenweise Unternehmen, die nach Mitarbeitern suchen. Warum finden die nicht einfach zusammen? Ganz einfach: weil das, was die einen anbieten, nicht das ist, was die anderen brauchen. Oder anders ausgedrückt: Der Mitarbeiter der Zukunft braucht bestimmte Fähigkeiten, um für Unternehmen wirklich nützlich zu sein. Fähigkeiten und Eigenschaften, die eine Maschine eben nicht hat.

Lassen Sie mich mit einem Beispiel erklären, was ich meine: Vor einiger Zeit habe ich mich in München mit einer Kollegin getroffen. Wir saßen in einem Bistro in der Innenstadt und wollten über ein Projekt reden. Sie können sich dieses Bistro in etwa so vorstellen: leicht alternativ angehaucht, aber nur leicht, angeschlossene Kleinkunstbühne, auf der abends Konzerte, Theaterstücke und Kabarett stattfinden, recht ordentliche Küche und vor allem Platz und Ruhe zum Reden. Es ist nicht mein Lieblingsplatz in München, aber für ein Arbeitstreffen absolut zweckmäßig. Wir wurden von einem jungen Mann bedient, wahrscheinlich einem Studenten, der nebenher jobbt. Und dieser junge Mann hat seinen Job ordentlich gemacht, aber eben auch nicht mehr. Er hat uns verhältnismäßig zügig bedient, nichts verschüttet und beim Kassieren richtig herausgegeben. Er war nicht unfreundlich. Mehr jedoch nicht. Ich habe ihm eine Frage zum Essen gestellt, die Antwort: »Hm, weiß ich jetzt auch nicht.« Ich habe ihn gefragt, welches von zwei Gerichten er mir empfehlen würde. Die Antwort: »Hm, kommt darauf an, was Ihnen besser schmeckt.« Ach, echt? Wie gesagt, er hat seinen Job gemacht und keinen Anlass für eine Beschwerde gegeben. Aber das reicht in Zukunft nicht mehr. Ich habe meine Kollegin gefragt, welchen Unterschied es für sie gemacht hätte, wenn uns nicht dieser junge Mann, sondern ein Roboter bedient hätte. Und wir waren beide der Meinung: keinen! Der Kellner hat seinen Job gemacht, aber das tut ein Roboter auch. Der Kellner war einigermaßen aufmerksam, das kann ein Roboter wahrscheinlich sogar besser. Die Leistung des Roboters wäre vermutlich umfassender gewesen. Wäre die Maschine richtig programmiert, hätte sie mir meine Fragen beantworten können. Wäre der eingebaute Chat-Bot richtig ausgelegt, hätte der Roboter inzwischen genug über Vorlieben und Abneigungen anderer Gäste gelernt, um mich nach einigen Fragen richtig einzuschätzen. Aus der Art der Fragen, die ich stellte, hätte er erkannt, dass ich eine Vorliebe für gute Weine habe und er hätte mir wohl eine Weinempfehlung ausgesprochen. Ich weiß zwar nicht, ob der Wein gut für die Effektivität unserer Besprechung gewesen wäre, aber auf jeden Fall wäre das Serviceerlebnis deutlich ansprechender gewesen. Der junge Kellner hat seinen Job gemacht. Aber nichts von dem, was er getan hat, hätte eine Maschine nicht ebenso gut oder vielleicht besser machen können. Der einzige Grund, diesen jungen Mann nicht durch eine Maschine zu ersetzen, ist Mitleid. Aber das reicht in Zukunft nicht mehr.

Sie meinen, dass ist Zukunftsmusik? Schon 2014 hat die WELT über das »Robot Restaurant« in Kunshan, nördlich von Shanghai berichtet.[2] Dort übernehmen Roboter das Servieren. Zugegeben, in diesem Restaurant ist alles noch etwas hölzern – man muss sein Essen selbst vom Tablett des Roboters nehmen und ihm dann über den Kopf streichen, sonst rückt er nicht wieder ab. Doch wie sehr die Technologie sich hier in den letzten Jahren weiterentwickelt hat, sieht man an einem Produkt, mit dem die Firma Moley Robotics die Märkte erobern will. Hier sind es zwei Roboterarme, die Gerichte zubereiten, deren Rezepte man sich vorher aus einem Online-Store downgeloadet hat. Das Prinzip dahinter ist recht einfach: Ein echter Koch bereitet das Gericht zu. Dabei werden alle seine Handlungen und Bewegungen gescannt und erfasst. Ein Computer überträgt diese Daten dann in die Bewegungsimpulse für den Roboter.[3]

Ich weiß natürlich nicht, wie Sie darüber denken: ob Sie fasziniert sind oder solche Geräte als Spinnerei abtun. Mir geht es auch gar nicht um den Roboter. Viel spannender als die Maschine an sich finde ich die Kommentare unter dem Video: Die meisten Kommentare machen sich über das Gerät lustig. »Das wird nie etwas«, »Kocht wie eine 80-Jährige«, »Das erkennt noch nicht einmal den Unterschied zwischen Petersilie und Koriander« und so weiter.

Mal davon abgesehen, dass ich fürchte, dass die meisten Menschen in Deutschland den Unterschied zwischen Koriander und Petersilie auch nicht kennen: Wie glauben wir, entwickelt sich diese Technologie weiter? Denken Sie noch einmal an Ihr Smartphone. Das iPhone wurde 2007 erfunden, und was hat sich in den elf darauffolgenden Jahren bis zum Erscheinen dieses Buches nicht alles verändert? Was ist aus dem Ur-iPhone geworden? Was wird aus diesem unbeholfenen Küchengehilfen in zehn oder zwölf Jahren geworden sein? Ich persönlich glaube nicht, dass wirklich große Köchinnen und Köche auf absehbare Zeit von Robotern ersetzt werden können. Aber Schweineschnitzel braten und Burger im Fastfood-Restaurant zusammenbauen – ich glaube, da müssen sich manche warm anziehen.

Sie erinnern sich aber auch an die gegenteilige Variante: Katja hat vorhin von der Dame aus ihrer Reinigung berichtet. Solche Leute gibt es auch in der Gastronomie. Es gibt diese Kellnerinnen oder Kellner, die den Abend retten. Menschen mit Humor und Ausstrahlung. Kundenorientiert und mit Spaß an dem, was sie tun – aber davon gibt es eben nicht sehr viele. Und die, die es gibt, werden umworben.

Doch dieses Problem hat nicht nur die Gastronomie. In jedem Wirtschaftszweig werden in Zukunft Menschen gebraucht werden. Menschen, die etwas bieten, was Maschinen nicht können. Menschen mit Kreativität, Ausstrahlung, Spaß an dem, was sie tun, Menschen mit *P.O.W.E.R* und Menschen mit *B.R.A.I.N.* Die Eigenschaften, die hinter *P.O.W.E.R.* stehen, kennen Sie inzwischen. Lassen Sie uns jetzt anschauen, welche Eigenschaft und Fähigkeiten *B.R.A.I.N.* ausmachen.

Der 6. Schlüssel: B wie Bravery – die Basis für die Zukunft

Bravery – Mut ist die Übersetzung, vielleicht sogar Heldenmut. Ist das nicht ein bisschen hoch gegriffen? Ich glaube nicht. Am Anfang dieses zweiten Teils habe ich das Konzept der vorhersehbaren und der unvorhersehbaren Zukunft beschrieben. Wir können heute ziemlich gut prognostizieren, was kommen wird. Wir können uns die bereits existierenden Technologien anschauen und vorhersagen, was sich verändern wird, wenn diese Technologien flächendeckend eingeführt sind. Und dennoch: Viel von dem, was kommt, können wir nicht oder noch nicht vorhersagen. Es gibt Bereiche, in denen wir nicht einmal eine Idee dazu haben, was kommen wird. Das Einzige, was ziemlich sicher ist: Da kommt etwas.

Ja, es ist eine Banalität. Zumindest auf den ersten Blick. Wir haben in diesem Text mehrfach gesagt, dass Veränderung kein Prozess mehr ist, sondern ein Zustand. Und dennoch bin ich immer wieder fasziniert, wie in Unternehmen von Veränderungsprozessen geredet wird. Fast schon lustig finde ich Aussagen wie: »Wir haben unseren Change-Prozess jetzt fast hinter uns.« Hallo? Sie können sicher sein, dass sich der nächste Change-Prozess direkt anschließt. Und das ist auch logisch. Wenn die Veränderungsgeschwindigkeit weiter zunimmt, müssen wir uns einfach auf eine permanente Veränderung einstellen. Das ist nichts mehr mit einem Anfang und einem Ende. Vielleicht mit jeder Menge Kick-offs, aber keiner Abschlussfeier mehr.

Wenn sich die Veränderungen aber ohnedies nicht aufhalten lassen, was ist dann besser: sich dagegen wehren und versuchen, sich davor zu schützen oder offen auf die Veränderung zugehen? Für dieses »offen auf die Veränderung zugehen« braucht es aber Mut. Doch weder dieser Mut noch die Offenheit scheinen unsere Tugenden zu sein. Wir tun alle so offen. Wir haben sogar einen Anglizismus dafür: »open-minded«. Aber wie offen sind wir wirklich?

Mut, Neues zu wagen

Unternehmen werden in Zukunft Mitarbeiter suchen, die Eigeninitiative zeigen, die nach kreativen Lösungen suchen und die bereit sind, neue Wege zu gehen. Wo heute immer noch Stellenprofile und Zeugnisse im Mittelpunkt des Interesses von Recruitern stehen, wird schon bald nach Veränderungskompetenz, Kreativität, Eigenständigkeit und kritischem Denken gesucht werden. Aber für kreative Lösungen und Eigeninitiative müssen wir unsere Höhle verlassen. Wir müssen uns einlassen auf Situationen, mit denen wir noch keine Referenzerfahrung haben. Das ist natürlich unsicher, oft anstrengend und risikobehaftet. Aber nur, wenn wir unsere Komfortzone (unsere Höhle) verlassen, können wir neues Terrain betreten.

Piloten machen zum Beispiel zwangsläufig die Erfahrung, die Komfortzone zu verlassen und im Normalfall sogar mehrfach. Ich erinnere mich noch sehr lebhaft an einige dieser Situationen, zum Beispiel meinen ersten Alleinflug. Eine Flugausbildung läuft so ab, dass man zuerst einmal die fliegerischen Basics lernt – starten, landen, Kurven fliegen und so weiter. Wenn das einigermaßen klappt, kommt der Tag des »First Solo«, des ersten Alleinfluges. Danach geht die Ausbildung natürlich noch weiter. Jetzt aber mal mit und mal ohne Fluglehrer auf dem rechten Sitz.

Bei mir war das so: Ich weiß nicht mehr genau, in welcher Flugstunde es war, aber ich hatte in den Stunden davor intensiv Platzrunden geübt. Starten, landen, durchstarten und das Ganze wieder von vorn. Natürlich immer mit Fluglehrer, aber unter den verschiedensten Bedingungen und bei unterschiedlichen Wetterverhältnissen. Irgendwann war ich der Meinung, dass ich das so langsam ganz gut mache und anscheinend war mein Fluglehrer derselben Meinung. In einer der nächsten Flugstunden – die Wetterbedingungen waren gut – ging es wieder so los, wie die Male davor. Ich begann mit den obligatorischen Checks, machte meine Flugvorbereitung und dann ab: starten, Platzrunde, landen, durchstarten und alles erneut. Nach der zweiten oder dritten Landung ließ mich mein Fluglehrer zum Vorfeld rollen und fragte, wie ich mich fühlte. Ich antwortete: »Gut, wieso?« Darauf sagte er: »Dann mach mal« – und stieg aus. Der Motor lief noch, also rollte ich direkt zurück zur Startbahn. Ich machte genau das Gleiche, was ich unzählige Male in den Wochen davor getan hatte. Ich rollte auf die Piste, arbeitete die »Vor dem Start«-Checkliste ab, holte mir die Freigabe zum Start und gab Vollgas. Der Flieger beschleunigte und nach wenigen Sekunden, viel schneller als sonst, hatte ich die erforderliche Geschwindigkeit zum Abheben erreicht. Ich zog das Ruder leicht zu mir und schon war ich in der Luft. In diesem Moment, kurz nach dem Abheben, realisierte ich zum ersten Mal, was ich da eigentlich tat. Erst jetzt wurde mir klar, dass ich gerade völlig allein in einem fliegenden Flugzeug saß. Niemand, der mir helfen konnte, niemand, der mir sagte, was ich tun sollte. Ich war völlig auf mich allein gestellt. In diesem Moment schoss mir nur ein einziger Gedanke durch den Kopf: »Sag mal, tickst du noch ganz richtig? Was treibst du hier eigentlich?« Aber dieser Panikanfall wich sehr schnell und machte einer unglaublichen Begeisterung Platz – »Ich fliege!«.

Ich war so euphorisch, dass ich angefangen habe zu singen. Nicht besonders schön, dafür aber laut. Ich hörte damit erst auf, als mir der Gedanke kam, dass mein Lehrer eventuell ein Funkgerät auf Dauersenden gestellt haben könnte und ich gerade den gesamten süddeutschen Luftraum mit meinen Arien erfreute. Aber ich flog. Diese Erfahrung gehört bis heute zu den bewegendsten Augenblicken meines Lebens und ich möchte sie auf keinen Fall missen. Um aber fliegen zu können, musste ich all meinen Mut zusammennehmen und starten. Ich musste meine Komfortzone verlassen und mich auf unbekanntes, unsicheres Terrain begeben. Und dafür bin ich im Übermaß belohnt worden. Jeder, der einen Flugschein gemacht hat, weiß, wovon ich spreche.

Mut, etwas auszuprobieren

Die gute Nachricht ist: Sie müssen keinen Flugschein machen, um etwas Neues auszuprobieren. Sie müssen sich auch nicht an Gummiseilen hängend von einer Brücke stürzen oder über glühende Kohlen laufen. Es geht einfach darum, Dinge auszuprobieren und sich auf Neues einzulassen. Das fängt bei der Sprache an und hört beim Lieblingsessen in der Kantine nicht auf. Katja und ich leben in Berlin. Man kann an dieser Stadt einiges bemängeln, aber sicher nicht ihre kulinarische Vielfalt. Sie können hier alles essen, von Exotischem am Thai-Markt am Wochenende über Currywurst bis hin zum Drei-Sterne-Menü. Es gibt alles, aus jeder Ecke des Erdballs und für jeden Geldbeutel. Eigentlich könnte man meinen, dass Menschen, die Berlin besuchen, einmal etwas probieren, was sie zu Hause nicht oder nicht so leicht bekommen. Doch offensichtlich reichen bei vielen der Mut und die Offenheit nicht mal bis hierhin. Gehen Sie mal am Abend den Ku-Damm entlang und schauen Sie sich an, welche Läden voll sind. Da finden Sie den beliebten Griechen und die Steakhauskette. Das kennt man von zu Hause, da weiß man, was man hat und deshalb sind beide immer voll – mit Touristen. Ich sage ja gar nicht, dass Sie sich am Sonntag über den Thai-Markt drängeln und wirklich alles probieren sollen. Aber ein bisschen etwas ausprobieren, bitte!

Oder machen wir uns mit der Offenheit vielleicht etwas vor? Nehmen Sie unsere Sprache: Ich kann diese Diskussion über zu viele oder zu wenige Anglizismen nicht mehr hören. Natürlich kann man alles übertreiben, aber das geht mit griechischen oder lateinischen Fremdwörtern auch. Die Sache ist im Prinzip einfach: Im Gegensatz zum Deutschen entwickelt sich die englische Sprache weiter. Außer ein paar Wörtern der Jugendsprache, die dazukommen, passiert in unserer Sprache nicht mehr viel. Im Englischen ist das anders. Das liegt auch daran, dass Englisch die Standardsprache der IT und aller möglichen anderen innovativen Industrien ist. Die Welt wird immer kleiner, die Menschen und damit die Akteure der Wirtschaft werden zunehmend mobiler – na ja, und irgendwie muss man sich verständigen. Deswegen findet die sprachliche Antwort auf Veränderungen halt nicht direkt im Deutschen, sondern über Anglizismen statt. Klar, viele Anglizismen könnten wir übersetzen. Aber Pilotenkanzel statt Cockpit? Bitte! Für viele Anglizismen gibt es überhaupt kein deutschsprachliches Äquivalent mehr. Und trotzdem wird immer wieder diese Diskussion geführt. Wie offen sind wir wirklich?

Dabei ist Offenheit tatsächlich die Basis, um Veränderungen einigermaßen mitgestalten zu können. Allein schon, weil Sie viele relevante Entwicklungen noch nicht einmal mitbekommen, wenn Sie sich den entsprechenden Informationen, wie z.B. neuen Medien oder eben auch neuen Gerichten, verschließen. Aber wenn wir nicht einmal den Mut haben, etwas zu essen, was wir nicht kennen, wenn wir Jahr für Jahr in die gleiche Gegend, vielleicht sogar in das gleiche Hotel in den Urlaub fahren, wenn wir weiterhin an Dingen festhalten, weil wir sie schon immer so gemacht haben, wie offen sind wir dann für Veränderungen? Und wie mutig sind wir, aktiv auf diese Veränderungen zuzugehen? Und wie bereit sind wir, Risiken einzugehen?

Mut zu widersprechen

Das Problem ist natürlich nicht, dass jemand auch auf Reisen sein gewohntes Schnitzel essen möchte. Es liegt vielmehr darin, dass dieser mangelnden Bereitschaft, sich auf unbekanntes Terrain zu begeben, auch die Tendenz innewohnt, Konflikten aus dem Weg zu gehen. Und hier wird das Thema wirklich zum Problem für Organisationen und Unternehmen. Dramatische Beispiele für die Auswirkungen dieser Thematik sind die Quelle-Pleite und der Diesel-Skandal. Ich weiß nicht, wie es Ihnen geht, aber als ich ein Kind war, gab es in jedem Haushalt einen Quelle-Katalog. Quelle galt damals als eines der größten Handels- und Logistikunternehmen weltweit. Eine Institution und hochangesehen. »Erst mal sehen, was Quelle hat«, war damals der Slogan. Aber ehrlich: Wie viele Menschen kennen Sie, die in den fünf Jahren vor der Insolvenz auch nur einmal etwas bei Quelle bestellt haben? Und das muss einem doch auffallen. Das Internet kam nicht über Nacht, genauso wenig wie veränderte Konsumgewohnheiten. Warum reagierte das Unternehmen nicht? Und bitte sagen Sie jetzt nicht, der Versandhandel sei eben niedergegangen. Das stimmt einfach nicht. Sehen Sie sich zum Vergleich mal Otto an. Damals härtester Konkurrent und heute einer der größten Versender weltweit. Und was ist eigentlich mit Amazon, sind die vielleicht keine Versender?

Warum ist also Quelle gegen ein Unternehmen, das ein texanischer Buchhändler gegründet hat, derartig abgeschmiert? Waren die alle blöd oder hatten ein Brett vor dem Kopf? Ich bin fest davon überzeugt, dass es bei Quelle genügend Mitarbeiterinnen und Mitarbeiter gab, die genau wussten, dass das Unternehmen auf eine Pleite zusteuerte. Die wahrscheinlich auch Ideen hatten, wie man dieses Schicksal hätte abwenden können. Warum sind diese Menschen nicht gehört worden, oder anders herum: Warum haben sie nichts gesagt? Ein ähnliches Muster finden wir beim Diesel-

Skandal. Glauben wir wirklich, dass die Verantwortung für dieses Desaster nur bei einzelnen Managern liegt? Natürlich tragen die Verantwortung, gar keine Frage. Aber wenn wir Winterkorn & Co als alleinige Schuldige ausmachen, greifen wir deutlich zu kurz. Es gab genügend, die Bescheid wussten – und wie in dem Beispiel weiter vorn: Wenn nur die Hälfte, nur ein Fünftel, sich zusammengetan und gesagt hätte: »Das geht so nicht!« – Was wäre dann passiert?

Winterkorn und viele seiner Kollegen waren Vertreter einer Managementphilosophie, die sich mit dem Satz »Kommen Sie mir nicht mit Problemen, kommen Sie mit einer Lösung!« zusammenfassen lässt. Diese Haltung ist grundsätzlich auch sinnvoll. Katja hat geschrieben, dass es nicht möglich ist, eine Lösung im Problemfokus zu finden. Und das ist absolut richtig. Wir würden gut daran tun, unsere Energie weniger auf das, was nicht geht, zu verwenden, und uns dafür mehr um mögliche Lösungen zu kümmern.

Es gibt jedoch auch Probleme, für die es keine Lösung gibt, oder nur eine Lösung, die den Vorgesetzten nicht gefällt. Was machen Mitarbeiter nun, wenn sie oft genug gehört haben, dass Probleme nicht erwünscht sind, sondern nur Lösungen? Was machen sie vor allem dann, wenn sie keine Lösung haben? Klar, sie kehren das Problem unter den Teppich. Sie vertuschen und hoffen, dass sich alles zum Guten wendet. Hoffnung ist allerdings ein blöder Plan, wenn man gerade Pilot eines Flugzeugs ist, bei dem die Triebwerke brennen.

Als Unternehmer oder Führungskraft ist es deshalb essentiell, dass Sie eine Kultur schaffen, in der Mitarbeiter und Mitarbeiterinnen leistungsorientiert arbeiten, aber sich trauen aufzuzeigen, wenn es keine Lösungen gibt. Wenn Sie die Ressourcen ihrer Belegschaft voll nutzen wollen, brauchen Sie Mitarbeiter, die sich trauen, Ihnen zu widersprechen. Als Mitarbeiter hingegen müssen Sie den Hintern in der Hose haben, eben aufzustehen und sich zu Wort zu melden, wenn etwas nicht passt. Auch, wenn Sie dadurch Nachteile befürchten müssen oder rauen Gegenwind, der Ihnen ins Gesicht schlägt. Ob es uns gefällt oder nicht – genau in dieser Fähigkeit zu widersprechen liegt eine unserer größten Stärken Maschinen gegenüber. Roboter widersprechen nicht, die führen stur das aus, wozu sie programmiert sind. Laut einer Studie des World Economic Forum ist aber kritisches Denken eine der zentralen Kompetenzen in der Zukunft. Und kritisches Denken kann man nicht digitalisieren.

Ich glaube, rein rational, also rein inhaltlich, dürfte es kaum jemanden geben, der mir in diesem Punkt widerspräche. Aber wenn das richtige Vorgehen rational klar ist, warum haben wir dann so oft nicht den Mut, uns aus dem Fenster zu lehnen? Warum halten wir an Bewährtem und Bekanntem fest, obwohl wir wissen, dass es uns keinen Schritt weiterbringt und uns vielleicht sogar schadet? Warum ist das so?

Weil es effektiv ist! Dieses An-Bewährtem-Festhalten hat Jahrtausende über gut funktioniert. Nur jetzt eben nicht mehr. Inzwischen ändert sich unsere Umwelt so schnell, dass Flexibilität und Mut zu Neuem die Heilmittel wären. Aber wenn das so einfach ist, warum passen wir uns dann nicht einfach an?

Kleinhirn, Basalganglien und andere Gewohnheitstiere

Wie so häufig, findet sich die Antwort in der Art und Weise, wie unser Gehirn funktioniert. Genaugenommen sind zwei Prozesse relevant, das Streben nach Sicherheit und eine Kombination aus dem Belohnungssystem und den Basalganglien. Fangen wir mit den Basalganglien an. Der Begriff bezeichnet eine Reihe von Nervenzentren, die alle unterhalb der Großhirnrinde liegen. Vereinfacht gesprochen sind sie zusammen mit dem Kleinhirn für Muster und Gewohnheiten zuständig.

Und sie machen ihren Job gut. Wenn wir einmal etwas gewohnt sind, geben wir das sehr ungern wieder auf. Das ist sinnvoll, denn ohne Routinen und Automatismen wären wir aufgeschmissen. Warum sollten wir zum Beispiel jeden Tag aufs Neue darüber nachdenken, wie Kaffeekochen funktioniert, oder Autofahren? Wir tun das, ohne darüber nachzudenken. Wir haben einen Autopiloten für Routinen und wiederkehrende Ereignisse. Das Problem ist nur, dass dieser Autopilot fast alles steuert, was wir so den lieben langen Tag machen. Vorsichtig gesprochen sind 95 Prozent von allem, was wir tun, Gewohnheiten. Die Art, wie Sie sich kleiden, ist eine Gewohnheit. Die Art, wie Sie sich ernähren, ist eine Gewohnheit. Die Art, wie Sie reden, sogar die Art, wie Sie denken – alles Gewohnheiten. Und diese sind weder gut noch schlecht. Diese Gewohnheiten entlasten uns nämlich. Dass ich beispielsweise am Morgen, bevor ich meinen ersten Kaffee getrunken habe, einen funktionierenden Autopiloten habe, ist mehr als sinnvoll. Die Frage ist nur, wie ist dieser Autopilot programmiert? Sind Ihre Gewohnheiten hilfreich oder reiten sie Sie in Denkfallen? Helfen Ihnen Ihre Gewohnheiten dabei, sich schnell und flexibel an neue Gegebenheiten anzupassen oder führen sie dazu, dass Sie jammernd in der Ecke sitzen und den guten alten Zeiten nachtrauern? Mut ist eben auch eine Gewohnheit.

Der zweite Baustein, nach den Basalganglien, die Ihre Gewohnheiten steuern, ist unser Streben nach Sicherheit. Wir leben in der Welt 4.0, haben aber immer noch das Betriebssystem Gehirn 1.0. Verstehen Sie mich bitte richtig, unser Gehirn ist großartig. Es ist extrem leistungsfähig, kreativ und mit allem ausgestattet, um uns die Lösung für nahezu jede Herausforderung zu geben. Aber ab und zu ein kleines Update würde nicht schaden. Und so ein Update wäre zum Beispiel bei den Sicherheitseinstellungen sinnvoll. Als unsere Vorfahren noch in Höhlen gelebt haben, war es für sie absolut sinnvoll, Gefahren möglichst zu vermeiden und

Brandl/Porsch: Der Zukunfts-Code

wenn es irgendwie ging, an einem sicheren Ort zu verweilen. Der sicherste Ort war die eigene Höhle. Hier kannten sie sich aus. Draußen war das anders. Vor der Höhle lauerten Gefahren. Wilde Tiere und verfeindete Stämme, die einem ans Leder wollen. Und je weiter sich unsere Vorfahren von der eigenen Höhle wegbewegten, umso gefährlicher wurde es. Wie muss das damals für unsere Vorfahren gewesen sein, wenn sie sich, warum auch immer, auf Wanderschaft begeben mussten. Unbekannte Bräuche; sie verstanden die Sprache nicht; die Kultur war fremd; selbst die Nahrungsbeschaffung wurde schwieriger. Dieses Risiko gingen sie nur ein, wenn sie unbedingt mussten. Vielleicht denken Sie jetzt, dass es schon etwas weit hergeholt ist, und dass diese Vergleiche mit der Steinzeit irgendwie hinken. Wirklich? Dann schauen Sie sich mal die Filme von Deutschen an, die in den 1950er- oder 1960er-Jahren nach Italien in den Urlaub fuhren. Völlig verschiedene Kulturen prallten dabei aufeinander. Heute müssen wir grinsen, wenn wir sehen, wie sich Oma und Opa abgemüht haben, als sie das erste Mal auf Spaghetti trafen. Wir amüsieren uns darüber und gleichzeitig glauben viele von uns immer noch, dass Latte macchiato eine italienische Art ist, Kaffee zu trinken. Dabei schauen die meisten Italiener völlig verständnislos auf diese deutsche Eigenart.

Wir sind immer noch darauf gepolt, Neues und Unbekanntes, aber eben auch Konflikte, möglichst zu vermeiden, denn da lauert Gefahr. Natürlich ist das Blödsinn. Inzwischen hat sich herumgesprochen, dass Italien sehr schön ist. Es hat sich herumgesprochen, wie man Spaghetti isst, und die meisten von uns wissen, dass »Cozze« etwas sehr gut Schmeckendes sein kann. Allerdings ist Italien für uns nicht mehr unbekannt. Es dürfte kaum mehr viele Menschen in Deutschland geben, die nicht schon als Kind das erste Mal dort waren. Italien ist also bekannt, und damit ungefährlich.

Und heute? Heute ist es nicht anders. Wir können zwar Spaghetti essen und leben nicht mehr in Höhlen, aber wir demonstrieren gegen die Globalisierung oder haben Angst vor einer Überfremdung durch Migranten.

Doch es gibt auch eine gute Nachricht. Nein, die hat nichts mit Italien zu tun, vielmehr mit der Tatsache, dass alles, was bekannt ist, irgendwann mal unbekannt war. Je mehr wir uns mit dem Unbekannten beschäftigen, umso vertrauter wird es. Und umso sicherer fühlen wir uns in der neuen Situation. Je häufiger wir konstruktiv in einen Konflikt gehen und bemerken, dass wir danach noch leben, umso selbstbewusster werden wir in Zukunft unsere Meinung vertreten. Und genau das wird in der Zukunft immer wichtiger – Maschinen haben keine eigene Meinung. Deshalb sollten wir unsere artikulieren.

Noch etwas passiert. Wir gewöhnen uns daran, dass wir mit unbekannten Situationen umgehen können. Die Psychologie nennt das »Selbstwirksamkeitserwartung«. Wir gehen davon aus, dass wir die Situation beeinflussen und gestalten können. Wir erwarten, dass wir nicht hilflos sind. Und an diesen Zustand können wir uns gewöhnen. Je häufiger wir die Erfahrungen gemacht haben, unbekannte und/oder konfliktgeladene Situationen meistern zu können, desto eher wird diese Erfahrung generalisiert. Wir erwarten einfach grundsätzlich, in neuen Situationen erfolgreich zu sein. Was meinen Sie? Ist das ein vernünftiges Skript, um die Zukunft zu meistern? Wie gesagt, Mut ist eine Gewohnheit.

In der Fliegerei machen wir uns genau diesen Effekt zunutze, und zwar im Simulator. Als Linienpilot musste ich mindestens alle sechs Monate in so ein Ding. Und wir wurden »gegrillt«. Sie sitzen noch nicht mit dem ganzen Hintern auf Ihrem Platz im (Simulator-)Cockpit und schon brennt das erste Teil. Und ab nun wird es vier Stunden lang schlimmer. Sie lösen ein Problem, Sie bekommen zwei neue dazu. Wie wahrscheinlich ist es, dass Piloten im echten Cockpit auf solche Situationen treffen? Ziemlich unwahrscheinlich. Und dennoch: Alle sechs Monate trainieren Cockpitcrews diese Fälle. Einmal natürlich, um vorbereitet zu sein und um zu wissen, was sie tun müssen, wenn ein Ernstfall eintritt. Aber, und das ist sicher genauso wichtig, durch dieses Simulatortraining macht man eine bestimmte Erfahrung: Du kannst es schaffen! Niemand sagt, dass es leicht wird. Und glauben Sie mir, ich habe gestandene, erfahrene Kapitäne völlig aufgelöst aus dem Simulator kommen sehen. Aber egal, wie stressig es wird, Piloten lernen, dass sie eine Chance haben. Mit der Zeit gehen sie davon aus, dass sie es schaffen können, das Problem zu lösen. Diese »Can do«-Attitude ist überlebensnotwendig, wenn einem die Umstände um die Ohren fliegen. Ich muss davon ausgehen, dass ich es schaffen kann, um in wirklich schwierigen Situationen erfolgreich zu sein. Und diese »Can do«-Attitude, diese Erfolgserwartung, kann jeder trainieren. Das Interessante dabei ist, dass die »Can do«-Erwartungshaltung den Mut ersetzen kann. Mut brauchen wir im Grunde nur in unbekannten oder unkontrollierbaren Situationen. Wenn wir aber wissen, was auf uns zukommt, und wenn wir vor allem (mehrfach) die Erfahrung gemacht haben, auch in scheinbar ausweglosen Situationen eine Lösung zu finden, wovor sollten wir dann noch Angst haben?

Wenn Sie also zu den Menschen gehören, die sich selbst als eher wenig mutig bezeichnen, sollten Sie besonders viel trainieren. Und nein, dazu müssen Sie nicht in den Flugsimulator. Dazu reicht es, wenn Sie sich mit ein paar anderen Menschen zusammensetzen und einfach eine Art Krisensimulator durchspielen. In meinem Buch »Crash Kommunikation« habe ich dieses Verfahren genauer beschrieben. Kurz gesagt, es geht bei diesem Konzept darum, in einem Negativ-Brainstorming erst mal alle möglichen Eventualitäten zu sammeln. Was könnte alles passieren? Im zweiten Schritt suchen Sie sich vier bis fünf Dinge aus, die, wenn sie passieren, keine besonders dramatischen Auswirkungen haben. Oft ist es so, dass diese wenig dramatischen Ereignisse dafür mit einer verhältnismäßig hohen Wahrscheinlichkeit eintreffen. Als Nächstes wählen Sie vier bis fünf Situationen aus, deren Eintreffen verhältnismäßig unwahrscheinlich ist. Wenn sie aber eintreten, sind die Auswirkungen dramatisch. Wenn Sie aus beiden Gruppen je vier bis fünf Szenarien ausgewählt haben, entwickeln Sie für jedes Szenario einen Plan: Was ist zu tun? Wo bekommen Sie Hilfe? Mit wem müssen Sie reden? Welche Optionen haben Sie?

Entwickeln Sie diesen Plan wie eine Checkliste für jedes einzelne Szenario. Wahrscheinlich werden Sie feststellen, dass die Checklisten sehr bald redundant werden. Aus meiner Erfahrung reichen bei den meisten Menschen drei bis vier von diesen Checklisten, um nahezu alle möglichen Situationen abzudecken. Schaffen Sie es dadurch, dass die Probleme nicht auftauchen? Nein! Aber wenn sie auftauchen, wissen Sie, was zu tun ist.

Bequemer ist allerdings der Weg, den die meisten Menschen gehen. »Da kann man eh nichts machen«, »Da hast du keine Chance«, »Die machen doch mit uns, was Sie wollen« – haben Sie sich schon mal Sätze wie diese sagen gehört? In der jeweiligen Situation ist das wahrscheinlich sogar verständlich. Das Blöde ist nur, dass diese Sätze eine Misserfolgserwartung erzeugen. Wir gehen davon aus, dass wir gar nicht erfolgreich sein können. Wir gehen davon aus, dass wir das Ergebnis nicht beeinflussen können und schon fühlen wir uns als Opfer der Umstände.

An dieser Stelle kommt der dritte Baustein ins Spiel: unser Belohnungssystem. Wenn wir erfolgreich sind, schüttet es körpereigene Opioide aus und produziert damit angenehme Zustände. Erfolg bedeutet in diesem Zusammenhang aber etwas anderes als das, was wir gemeinhin damit verbinden. Klar ist es Erfolg, wenn wir etwas anstreben, und das tatsächlich eintritt. Allerdings unterscheidet das Belohnungssystem nicht darüber, ob das Ergebnis für uns gut oder schlecht ist. Hauptsache, es tritt das ein, was wir anstreben oder erwarten. Aber damit reagiert das Belohnungssystem eben auch, wenn wir erwarten, etwas nicht zu schaffen und dieses Ergebnis dann eintritt. In diesem Fall werden wir in unserer Misserfolgserwartung bestätigt und alles ist gut. »Hab' ich doch gleich gesagt« oder »Hab' ich immer gewusst«. Kennen Sie solche Situationen, in denen Menschen sich das Maul darüber zerreißen, dass dieses oder jenes gar nicht funktionieren kann? Das Schlimmste für solche Menschen ist doch, wenn es anders kommt. Wenn etwas doch funktioniert oder möglich ist.

Basalganglien, Streben nach Sicherheit und Belohnungssystem, das sind die drei Hauptkomponenten, die unseren Autopiloten steuern. Die Frage ist nur, wohin?

Achten Sie darauf, wie Sie Ihren Autopiloten, wie Sie sich selbst programmieren! Im Simulator trainieren Piloten Handlungsoptionen. Weil sie das tun, wissen sie, dass sie die Situation kontrollieren können. Dazu müssen sie aber ihre Komfortzone verlassen. Und glauben Sie mir: Simulator-Training ist alles, aber nicht komfortabel.

Mut zu neuen Wegen

Gewöhnen Sie sich daran, neue Wege zu gehen. Gewöhnen Sie sich daran, unbekanntes Terrain zu betreten und Dinge zu tun, die Sie noch nie getan haben. Ja, das kann durchaus anstrengend sein. Und ja, wahrscheinlich werden Sie das eine oder andere Misserfolgserlebnis haben. Aber eines zählt viel mehr: Sie gewöhnen sich daran, dass Sie Herausforderungen meistern können. Sie gewöhnen sich daran, sich in unbekannten und ungewohnten Situationen sicher zu bewegen und damit trainieren Sie Ihren »Mut-Muskel« – Selbstwirksamkeit!

Bravery – Mut ist einer der zentralen Schlüssel, um in Zeiten von Digitalisierung, künstlicher Intelligenz und ständiger Veränderung weiterhin erfolgreich zu sein. Und gleichzeitig ist Mut die Basis, aber auch die Voraussetzung für den nächsten Schlüssel.

Der 7. Schlüssel: R wie Responsibility – Wir selbst sind die wichtigste Zukunfts-Instanz

Schon wieder so eine Floskel, oder? Responsibility – Verantwortung, Eigenverantwortung – jeder handelt doch so. Echt jetzt?

Ich glaube, wir reklamieren das Recht auf Eigenverantwortung dann, wenn es uns passt. Wenn es schwierig oder kritisch wird, rufen die meisten nach irgendeiner »höheren« Instanz, dem Management, dem großen Bruder, dem Staat.

Und das ist durchaus verständlich. Wir leben nämlich in einer Gesellschaft, in der dem Einzelnen systematisch die Verantwortung für relevante Bereiche seines Lebens abgesprochen wird. Das fängt mit der Schulpflicht an, geht über die gesetzliche Krankenversicherung weiter und hört mit der Rentenversicherung nicht auf. Natürlich können Sie einwenden, dass Kranken- und Rentenversicherungen große Errungenschaften des Sozialstaates seien und ich so etwas doch bitteschön nicht infrage zu stellen habe. Tue ich auch gar nicht, zumindest nicht das Ziel dieser Errungenschaften. Ich finde es absolut wichtig, dass jeder Mensch in unserem Land, egal ob arm oder reich, erfolgreich oder gescheitert, Zugang zu einer vernünftigen Gesundheitsversorgung hat. Ich finde es nur problematisch, wenn es keine Wahlmöglichkeiten mehr gibt. In Deutschland findet derzeit eine intensive Diskussion über die »Zweiklassenmedizin«, also gesetzlich und privat Versicherte, statt. Immer mal wieder, meist vor irgendwelchen Wahlen, werden die Stimmen laut, die eine Abschaffung der privaten Krankenversicherung fordern. Die

Argumente sind dabei mehr oder weniger jedes Mal die gleichen: Es sei ungerecht, dass die einen bessere Leistungen erhielten als die anderen und außerdem sollen bitte alle in einen Topf einzahlen. Warum eigentlich? Wie kommen wir auf den Gedanken, dass ein System, das es mit 72 Millionen Kunden nicht schafft, nachhaltig profitabel zu wirtschaften, dann plötzlich profitabel wird, wenn man die 8,7 Million privat Versicherten auch noch hineinzwingt.

Es wäre doch im Gegenzug überlegenswert, ob es nicht möglich ist, innerhalb der gesetzlichen Krankenversicherung die Eigenverantwortlichkeit zu fördern. Das könnte zum Beispiel damit anfangen, dass die Kunden der gesetzlichen Kassen eine regelmäßige Aufstellung über die Kosten, die sie selbst verursachen, erhalten. Einmal im Quartal bekommt jeder eine Abrechnung, aus der er oder sie ersehen kann, was die Krankenversicherung für ihn oder sie in den letzten Monaten überwiesen hat. Diese Information wäre ein Anfang.

Das Gleiche findet mit der Rentenversicherung statt. »Die Rente ist sicher.« Nein, ist sie nicht! Und das ist nicht meine Meinung, das ist schlicht Fakt. Wenn ich diese Zeilen schreibe, bin ich gerade 50 Jahre alt. Nach den allgemeinen Gepflogenheiten würde ich in 15 oder vielleicht auch 17 Jahren in Rente gehen. Wenn ich jetzt wissen will, ob meine Rente sicher ist, muss ich mir doch nur anschauen, wie viele junge Menschen heute da sind. Diejenigen, die meine Rente zahlen müssten, sollten heute schon da sein, oder? Und zwar alt genug, dass sie in 15 Jahren voll im Berufsleben stehen und zahlen können. Doch wenn es heute weniger 10-Jährige als 50-Jährige gibt und immer weniger 50-Jährige bereit sind, gefälligst mit 72 den Löffel abzugeben, kann das schlicht und einfach nicht funktionieren – vorhersehbare Zukunft. Auch zu diesem Punkt kommt der reflexhafte Schrei, dass doch bitte die Rentenversicherungspflicht für alle, also auch für Selbstständige und Freiberufler eingeführt werden solle. Warum denn nur? Auch dazu wieder: Wieso soll ein System plötzlich funktionieren, bloß weil man zehn Prozent mehr Mitglieder hat, aber damit auch zehn Prozent mehr Leistungsempfänger hineinzwingt? Die staatliche Fürsorge hat versagt. Und das nicht erst seit gestern. Schon in Zeiten, in denen alles noch plan- und überschaubar war, haben es diese Systeme nicht geschafft, ihre Aufgaben zu erfüllen, ohne ständig neue Schulden zu machen und Hypotheken auf die Zukunft aufzunehmen. Wenn das bisher schon nicht funktioniert hat, wie soll das funktionieren, wenn fünf Prozent der Jobs, und damit der Beitragszahler, wegfallen?

Bitte verstehen Sie mich richtig: Ich schreibe das nicht als politisches Statement. Es geht mir nicht darum, ob ich die Rentenversicherung gut oder schlecht finde. Sie funktioniert nicht mehr. Jeder von uns muss die Verantwortung für seine Altersversorgung selbst übernehmen. Wenn wir die Verantwortung dafür bei anderen lassen, sind wir verlassen. Sie können das gerecht oder ungerecht finden, Sie können dafür sein oder dagegen – sich auf den Staat zu verlassen, hat ausgedient. Responsibility ist in allen Bereichen des Lebens notwendig, das war sie schon immer. Was sich jetzt verändert, ist lediglich der Fakt, dass sie nun überlebensnotwendig wird.

Was können Sie also tun? Übernehmen Sie die Verantwortung für Ihr Alter selbst! Im Prinzip ist Altersvorsorge einfach: Geben Sie weniger aus, als Sie einnehmen, und legen Sie den überschüssigen Teil zurück.

Ich kann mir gut vorstellen, dass einige mich für diese Zeilen zerreißen werden. Vielleicht steigt auch Ihnen gerade die Zornesröte ins Gesicht. Wenn dem so ist, tut mir das leid. Ich möchte Sie weder ärgern noch möchte ich Sie provozieren. Und ich weiß, dass die meisten Menschen so schon Probleme haben, mit ihrem Einkommen einigermaßen über die Runden zu kommen. Dann klingen Aussagen wie meine natürlich hart und ungerecht. Aber genau diese Härte ist etwas, das auf uns zukommt. Wir konkurrieren in Zukunft mit Menschen aus jedem Winkel dieser Erde und nicht nur mit denen. Wir konkurrieren in Zukunft mit Robotern und künstlicher Intelligenz. Glauben wir im Ernst, dass die Rücksicht nehmen auf soziale Befindlichkeiten?

Ich habe das Beispiel mit Kranken- und Rentenversicherung bewusst gewählt. Es macht nämlich auf drastische Weise deutlich, wie wir wirklich mit dem Thema Eigenverantwortung umgehen. Übernehmen wir die Verantwortung oder schieben wir Entscheidungen vor uns her und setzen auf das Prinzip Hoffnung? Ich hatte es schon mal gesagt: Hoffnung ist ein blöder Plan, wenn Sie Pilot eines Flugzeugs sind, dessen Triebwerke brennen.

Es ginge auch anders ...

Ob wir trotz oder wegen der Digitalisierung erfolgreich sind oder nicht, hängt in erster Linie von uns selbst ab. Aber die Rahmenbedingungen, von denen aus wir starten, können günstiger oder eben weniger günstig gestaltet sein. Aus meiner Sicht sollte der Staat alles dafür tun, dass die Rahmenbedingungen günstig sind. Wenn wir davon ausgehen, dass Eigenverantwortung einer der Schlüssel ist, um die Zukunft erfolgreich zu meistern, sollte der Staat Rahmenbedingen schaffen, die diese Eigenverantwortung unterstützen und sie nicht ersticken. Zwangsmitgliedschaften ersticken meines Erachtens Eigenverantwortung, immer höhere Steuern ebenso. Wenn ich von jedem Euro, den ich verdiene, schon bis zu 50 Prozent an den Staat abgeben muss, fällt es natürlich schwerer, von den verbleibenden 50 Prozent noch einen relevanten Teil zurückzulegen. Wenn außerdem alle Erträge besteuert werden und das Vermögen an sich, wenn es eine bestimmte Größe erreicht hat, auch, könnten wir fast schon vermuten, dass bewusst versucht wird, jeden Hauch von eigenverantwortlichem Handeln im Keim zu ersticken.

Schauen wir doch einmal über den Teich. In die USA, und glauben Sie mir, ich bin beim besten Willen kein Freund des amerikanischen Sozialsystems, gibt es die »Pension Fonds«. Fast jedes Unternehmen hat so etwas für seine Mitarbeiterinnen und Mitarbeiter. Aber, und jetzt wird es interessant: Sie können auch als einzelne Person so einen Pension Fonds begründen. Es gibt dafür Vorgaben, Rahmenbedingungen und Beschränkungen, schließlich soll einigermaßen sichergestellt sein, dass diese Fonds ihren Zweck erfüllen. Aber im Großen und Ganzen haben Sie einen weitreichenden Gestaltungsspielraum. Praktisch funktioniert das Ganze so: Sie können regelmäßig einen bestimmten Teil Ihres Einkommens in diesen Pension Fonds einzahlen. Die Grenzen sind so hoch, dass Sie damit wirklich etwas aufbauen können. Und raten Sie mal: Diese Einzahlungen sind steuerfrei. Sie können also einen Teil Ihres Bruttoeinkommens vor Steuern direkt in Ihre Altersversorgung investieren, ohne dass der Staat sich vorher daran bedient hat. Die Erträge aus Ihren Investments sind natürlich ebenfalls steuerfrei. Einzige Bedingung: Sie dürfen nicht an die Kohle ran, bis Sie im Pensionsalter sind. Plötzlich haben Sie die Möglichkeit, wirklich etwas für sich selbst zu tun. Ob Sie das tatsächlich machen, bleibt Ihre Entscheidung.

Untergehen oder schwimmen lernen?

Wir werden in Zukunft wesentlich stärker die Verantwortung für das übernehmen müssen, was uns wiederfährt. Obwohl, im Grunde ist das falsch ausgedrückt. Niemand zwingt uns, die Verantwortung zu übernehmen, aber wenn wir es nicht tun, gehen wir halt unter. In meinem Buch »Hudson River – Die Kunst, schwere Entscheidungen zu treffen« habe ich dieses unglaubliche Ereignis vom 15. Januar 2009 ausführlich beschrieben. Sie können sich sicher an die Bilder von der Notlandung eines Airbus im Hudson erinnern, wie dieser Flieger einfach so im Hudson schwamm. Was war passiert? Kurz nach dem Start in La Guardia kollidierte damals das Flugzeug mit einem Schwarm Wildgänse. In der Folge fielen beide Triebwerke aus und der Flieger wurde zum Segelflugzeug. Sie wissen natürlich, wie die Geschichte ausging: Etwa dreieinhalb Minuten später setzte das Flugzeug auf dem Hudson River auf. 155 Menschen an Bord – keine ernsthaften Verletzungen.

Es ist viel darüber geschrieben worden, was im Einzelnen die Erfolgskriterien für diese Notlandung waren. Aber eines ist sicher: Die Crew hat die Verantwortung für die Situation übernommen, unabhängig davon, ob sie an ihr schuld war oder nicht. Die Piloten stellten sich eine Frage, die so unglaublich banal, aber gleichzeitig so unglaublich zielführend war: »Was können wir jetzt tun?« Sie fragten sich nicht: »Wer hat uns das schon wieder eingebrockt?« oder »Der Himmel ist so groß, warum müssen diese Drecksgänse ...?«, noch nicht einmal das.

In einer akuten Notsituation nutzt die Schuldfrage gar nichts. Es bringt auch nichts, darüber nachzudenken, dass doch bitte erst einmal jemand anderes sich um das Problem kümmern sollte. Ob Sie es wollen oder nicht, Sie müssen die Verantwortung übernehmen. Und im Business ist es nicht anders. Stellen Sie sich vor, Sie haben Probleme mit Ihrer IT oder irgendeiner anderen Anlage. Sie rufen die entsprechende Hotline an und das Einzige, was Sie hören, ist: »Der Fehler liegt aber nicht bei uns!« Jetzt sind Sie beruhigt, oder? Im Gegenteil! Es ist Ihnen völlig egal, wer schuld an dem Problem ist. Das Einzige, was Sie interessiert, ist die Lösung. Aber wenn es uns selbst nicht interessiert, wer schuld ist, warum läuft es so oft ganz anders?

Die Suche nach den Schuldigen

Hätten sich die Piloten die Situation so ausgesucht? Mit Sicherheit nicht! Hilft ihnen das etwas? Nein! Wir können eine Situation oft nicht ändern, aber wir können ändern, wie wir auf sie reagieren. Es hat sicher keinen Sinn, darauf zu warten, dass jemand das Problem für Sie löst, wenn Sie Pilot eines Flugzeugs sind, das in weniger als 1.000 Metern Höhe ohne Antrieb auf Manhattan zusegelt.

Ob uns das passt oder nicht, die Probleme, die durch künstliche Intelligenz, Globalisierung und Digitalisierung entstanden sind und noch entstehen, wird auch niemand für uns lösen. Jobs werden wegfallen oder sich verändern. Es werden immer mehr Daten von uns in irgendwelchen Datenbanken gesammelt werden und wahrscheinlich werden wir uns sogar daran gewöhnen müssen, dass Hunderte Kunden von Singlebörsen nur darauf warten, dass unser Partner schwach wird. Es hilft nicht, wir müssen uns diesen Problemen und Herausforderungen stellen, und zwar selbst. Wenn Sie Angst davor haben, dass Ihr Job bald von einem Computer gemacht wird, hilft Ihnen auch der Mindestlohn nicht mehr. Dabei kann ich die Argumente für den Mindestlohn durchaus nachvollziehen. Wenn jemand Vollzeit arbeitet, sollte es ihm oder ihr möglich sein, von dem daraus erzielten Einkommen würdevoll zu leben. Das klingt sehr einleuchtend, zumindest in der Theorie. Der Haken an der Sache ist, dass es den Job, in dem man Vollzeit arbeitet, halt in Zukunft noch geben muss. Und dabei entstehen die Probleme. Die meisten Jobs, für die heute der Mindestlohn greift, wie z.B. Taxifahrer, Verpackungshelfer, Lagerarbeiter oder Reinigungskräfte, werden in wenigen Jahren ersatzlos weggefallen sein. Sie können natürlich einwenden, dass das schon wieder Brandlsche Schwarzmalerei ist. Aber sehen wir uns die Realität an. Taxifahren zum Beispiel. Die Technologie des autonomen Fahrens ist heute schon weitgehend ausgereift. In Berlin findet gerade ein erster Test mit einem fahrerlosen Bus statt. Wenn Sie jetzt meinen sollten, dass das alles noch Zukunftsmusik und nicht ausgereift sei – täuschen Sie sich nicht. Das, was wir sehen, ist nur ein Bruchteil von dem, was jetzt bereits möglich ist. Audi hat gerade einen Rennwagen fahrerlos über die Piste geschickt – und der war echt schnell. Wenn Autofahren das Einzige ist, was ich kann und was ich anzubieten habe, wird es in naher Zukunft sehr schwierig.

Eigenverantwortung und Fehlentscheidungen

Was genau hat das alles mit Eigenverantwortung zu tun? Eine ganze Menge. Wir müssen die Verantwortung für die Situation übernehmen, in der wir uns gerade befinden und das ist oft nicht leicht. Doch Fakt ist: Die Situation, in der wir uns befinden, ist das Ergebnis der Entscheidungen, die wir früher in unserem Leben getroffen haben. Ob wir in Zukunft trotz oder wegen der Digitalisierung und künstlicher Intelligenz erfolgreich sein werden, hängt von den Entscheidungen ab, die wir heute treffen. Übernehmen wir die Verantwortung und damit das Steuer oder lassen wir andere steuern? Und ja, ich weiß, dass es Schicksalsschläge und schwere Krankheiten gibt, für die niemand selbst etwas kann. Aber ich denke, Sie wissen genau, was ich meine. Denn jeder von uns hat schon mal Fehlentscheidungen getroffen.

Wenn Sie mein Buch »Hudson River – Die Kunst, schwere Entscheidungen zu treffen« kennen, wissen Sie, dass für mich der 15. Februar 1986 so ein Tag der Fehlentscheidung war. Ich war noch ein sehr junger Mann und besuchte damals die elfte Klasse des Gymnasiums. Ich hatte das gesamte Schuljahr über Schwierigkeiten mit einem bestimmten Lehrer, meinem Lateinlehrer. Ständig bin ich mit diesem Menschen aneinandergeraten und wenn Sie mich fragen, ob dieser Lehrer mich auf dem Kieker gehabt hätte, kann ich das ziemlich sicher bejahen. Der Typ konnte mich nicht leiden. Der Konflikt gipfelte darin, dass er sich zu einer Aussage wie »Herr Brandl, ich bin der Meinung, dass Sie an einer weiterführenden Schule fehl am Platze sind« hinreißen ließ. Der Typ konnte mich nicht leiden, ich ihn aber auch nicht. Und dann kam der 15. Februar 1986. An diesem Tag wurde ich 18 Jahre alt – volljährig. Keiner konnte mir mehr etwas vorschreiben. Ich konnte machen, was ich für richtig hielt. Am Morgen dieses 15. Februar stapfte ich in das Büro meines Direktors und meldete mich vom Gymnasium ab. Damals war ich der Meinung, das sei ein ziemlich guter Plan gewesen und ich konnte diese Entscheidung wortreich begründen. Schon bald danach machte mir das Leben allerdings deutlich, dass die Idee nicht ganz so gut war, wie ich gedacht hatte.

Ich wollte ab September an einer anderen Schule die Fachhochschulreife machen und glaubte anfangs durchaus, dass das viel effektiver wäre, als mich weiterhin mit diesem Lateinknilch herumzuschlagen. Die ersten Zweifel an meiner Cleverness kamen mir, als ich in der Überbrückungsphase zwischen Februar und September in einer Fabrik im Drei-Schichten-Akkord am Fließband arbeitete. An diesem Fließband merkte ich, dass es noch ein völlig anderes Leben gibt, als das, was ich mit meiner jugendlich-verklärten Brille bis jetzt kannte. Ich erlebte am eigenen Leib, wie hart manche Menschen ihr Geld verdienen müssen. Relativ kurz danach erkannte ich außerdem, dass eine Fachhochschulreife doch einiges weniger war als eine allgemeine Hochschulreife. Und was glauben Sie, wen ich für meine missliche Lage verantwortlich machte? Na klar, den Lateinlehrer! Schließlich hatte der mich dazu getrieben, die Schule zu verlassen. Der Kerl hatte mich rausgemobbt!

Ich war nie ein besonders guter Schüler gewesen. Das lag aber nicht daran, dass ich die Inhalte nicht verstanden hätte, ich war einfach stinkfaul! Und natürlich gab es immer wieder Lehrer, die mich auf dem Kieker hatten. Natürlich eckte ich häufig an. Fakt ist aber, niemand hatte mich gezwungen, mich vom Gymnasium abzumelden. Ich ging auf meinen eigenen Füßen zum Direktor und ich unterschrieb mit meiner eigenen Hand die Abmeldung. Es war meine Entscheidung und damit meine Verantwortung. Im Prinzip wiederholt sich dieses Muster auch in dem, was jetzt gerade passiert. Wir beklagen uns darüber, dass die Innenstädte veröden, aber es ist unsere Entscheidung, bei Amazon zu bestellen. Wir beklagen uns darüber, dass Roboter uns die Jobs wegnehmen, aber warten nach wie vor ab und versuchen, das Problem mit Strategien aus dem letzten Jahrhundert zu lösen. Wir beklagen uns darüber, dass die Altersversorgung unsicherer wird, aber wir schreien nach dem Staat.

Was meinen Lateinlehrer angeht, ist mir irgendwann klar geworden, was mein Anteil ist. Sie können davon ausgehen, dass das eine Weile gedauert hat. Doch von diesem Moment an konnte ich wieder echte eigene Entscheidungen treffen.

Achten Sie darauf, wem Sie die Schuld geben! Denn demjenigen, dem Sie die Schuld geben, dem übertragen Sie auch die Verantwortung, vielleicht sogar für Ihr Leben.

Steuern oder gesteuert werden – Selbstmanagement

Meine ersten echten Erfahrungen mit Selbstverantwortung waren also keine besonders guten. Einmal hatte ich eine Entscheidung getroffen und war damit gleich auf die Nase gefallen. Doch gleichzeitig war diese Erfahrung eine sehr lehrreiche. Alles, was wir tun, hat Konsequenzen – und auch das, was wir nicht tun.

Wir leben in einer Zeit, in der wahnsinnig viel möglich ist, und damit meine ich weit mehr, als dass ein gerade Achtzehnjähriger sich selbst von der Schule abmelden kann. Strukturen und Kontrollmechanismen lösen sich zunehmend auf. Führung, zum Beispiel, findet in Unternehmen weniger statt. Wie auch? Immer weniger – vor allem junge Menschen – sind heute noch bereit, sich in einer Art und Weise gängeln zu lassen, wie das noch vor wenigen Jahren durchaus normal war. Klassische Führung ist natürlich nicht zwangsläufig mit Gängeln gleichzusetzen, aber viele Mitarbeiter empfinden das so. Klassische Führung funktioniert in vielen Fällen also nicht mehr. Wenn Sie aber von niemandem mehr geführt werden, wenn niemand Sie mehr managt, müssen Sie sich zwangsläufig selbst managen. Eigenverantwortung hat eben neben der Verantwortung für die eigenen Entscheidungen sehr viel mit der Verantwortung dafür zu tun, wie man sich selbst steuert – sich selbst managt. Doch dieses Selbstmanagement wird uns nicht beigebracht.

Von Anfang an wachsen wir in einer Kultur auf, in der uns praktisch alles vorgegeben wird. In der Schule haben wir einen detaillierten Stundenplan vormittags und nachmittags, genau vorgegebene Hausaufgaben, die wir zu erledigen haben. Eigenverantwortliches Selbstmanagement? Fehlanzeige. Zu meiner Zeit gab es wenigstens im Studium noch so etwas wie studentische Freiheit. Durch die Veränderungen hin zu Bachelor- und Master-Systemen ist auch diese Freiheit zunichtegemacht worden. Der Hochschulbetrieb wurde zunehmend verschult. Eigenverantwortliches Selbstmanagement? Fehlanzeige! Und auf dieser Basis sollen wir uns plötzlich effektiv selbst managen. Prima Vorbereitung.

Dieses Buch ist natürlich kein Lehrbuch zum Thema Selbstmanagement. Deshalb möchte ich an dieser Stelle gar nicht zu intensiv auf die Techniken effizienten Selbstmanagements eingehen, darüber gibt es eine Reihe sehr guter Bücher. Finden Sie für sich heraus, welche Techniken bei Ihnen funktionieren, und welche nicht. Selbstmanagement ist extrem individuell und damit kann, was beim einen hervorragend funktioniert, dem anderen um die Ohren fliegen.

Halten Sie sich also bitte nicht zu sklavisch an irgendwelche Vorgaben, sondern probieren Sie aus, was zu Ihnen passt. Einige wenige grundsätzliche Parameter sind aber dennoch relevant, damit ihr System funktioniert. Und diese Parameter finden sich im LOFT-System, das ich Ihnen im nächsten Abschnitt vorstellen möchte. Probieren Sie doch in Zukunft, jede Entscheidung und jede Methode nach diesem System zu checken!

Das Selbstmanagement – LOFT

Nachdem uns Selbstmanagement nicht beigebracht wird, müssen wir ein System finden, das hilfreich und gleichzeitig praxistauglich ist, um unser Selbstmanagement in die richtigen Bahnen zu lenken. Mit dem LOFT-System haben Sie eine Struktur, die die wichtigsten Prinzipien effizienter Selbststeuerung abdeckt und Ihnen ein gutes Werkzeug sein kann, wenn Sie vor den nächsten schwierigen Entscheidungen stehen.

L – wie langfristig

Irgendjemand hat mal gesagt, dass die meisten Menschen einen Urlaub von zwei Wochen intensiver und gründlicher planen als ihr gesamtes restliches Leben. Selbstmanagement funktioniert auf Dauer aber nur, wenn es in eine alle Bereiche umfassende Lebensplanung eingebunden ist. Bei meiner Schulentscheidung hatte ich nur die nächsten Jahre im Fokus. Ich dachte ausschließlich an den nächsten Schritt und wie ich ihn am leichtesten bewältigen könnte. Und damit tappte ich in eine der Standardfallen: Ich ging den Weg des geringsten Widerstandes. Ich stellte mir damals nicht die Frage, welche Konsequenzen meine Entscheidung langfristig haben würde. Um ehrlich zu sein, ich kam gar nicht auf die Idee, dass meine Entscheidung überhaupt langfristige Konsequenzen haben könnte.

In meinen Vorträgen bringe ich an dieser Stelle die Metapher der Navigation. Wenn ich als Pilot (oder natürlich auch als Seefahrer) die Orientierung verloren habe, ist dieses Handwerk ausgesprochen nützlich, um wieder auf Kurs zu kommen. Dabei lassen sich die wichtigsten Regeln der Navigation eins zu eins auf den Rest des Lebens übertragen. Um navigieren zu können, muss man zwei Dinge wissen: Man muss wissen, wo man hin will und man sollte wissen, wo man ist. Die Standortbestimmungen fällt den meisten noch einigermaßen leicht. Man kennt sich selbst schließlich, weiß um seine Stärken und Schwächen, aber bei der Zieldefinition wird es deutlich schwieriger. Frage ich Menschen, wie das eigene Leben in zehn oder fünfzehn Jahren aussehen soll, kommen meistens nur solche Allgemeinplätze wie »Hauptsache, gesund«. In Unternehmen sieht es leider meist nicht besser aus. Wenn ich Unternehmer oder Führungskräfte frage, wie ihr Unternehmen oder ihre Abteilung in zehn oder fünfzehn Jahren aussehen soll, werfen sie mir regelmäßig vor, dass ich von ihrer Branche keine Ahnung hätte. Hätte ich die nämlich, würde ich die Probleme kennen, mit denen sie sich ständig herumschlagen müssen. Und würde ich die Probleme kennen, wüsste ich auch, dass man unter solchen Umständen froh ist, wenn man drei Monate in die Zukunft planen kann, aber sicher keine zehn Jahre.

So verständlich diese Aussage ist, so haarsträubend ist sie auf der anderen Seite. Wie wollen Sie gute und richtige Entscheidungen treffen, wenn Sie nicht wissen, wo Sie langfristig hinwollen? Das funktioniert nicht. Wir brauchen eine klare Vorstellung davon, wo es hingehen soll. Randy Gage, ein amerikanischer Trainer- und Speaker-Kollege, hat das mal in einem Satz zusammengefasst:

»You got to know how your perfect day looks like« – »Du musst wissen, wie dein idealer Tag aussieht.« Und dabei geht es nicht um irgendwelche Fantasien vom Liegestuhl in der Südsee und bunten Getränken mit kleinen Schirmchen. Es geht um grundsätzliche Fragen wie »Wo möchte ich leben?«, »Mit wem?«, »Wie möchte ich arbeiten?«, »Was?«, »Wie lange?«. Wir können keine guten Entscheidungen treffen, wenn wir nicht wissen, wo wir langfristig hinwollen. Und paradoxerweise wird diese Planung immer wichtiger, je chaotischer und je disruptiver die Zeiten werden. Wenn uns von allen Seiten Veränderungen um die Ohren fliegen und wenn die Veränderungsgeschwindigkeit weiter zunimmt, gerade dann brauchen wir einen roten Faden, an dem wir unser Handeln ausrichten können.

Damals mit 18 hätte ich diese Frage aber noch nicht beantworten können. Oder zumindest hätte ich sie in einer Art beantwortet, bei der sich mir heute die Nackenhaare kräuseln würden. Das, was Sie mit 18 oder 20 als idealen Tag bezeichnen, kann und wird zwanzig Jahre später mit ziemlicher Sicherheit völlig anders aussehen.

Macht dann Planung überhaupt Sinn? Auf jeden Fall. Allerdings sollte Sie Ihre Planung und damit Ihr Selbstmanagement nicht knebeln. Um dem entgegenzuwirken, braucht es die nächsten beiden Buchstaben des LOFT-Systems, Optionen und Flexibilität.

O – wie Optionen

Bei allem, was Sie tun, stellen Sie sich bitte stets die Frage, ob Sie dadurch mehr Optionen oder weniger haben. Bei meiner Schulentscheidung war das ziemlich eindeutig: Die allgemeine Hochschulreife öffnet wesentlich mehr Türen als die Fachhochschulreife. Die meisten Studiengänge erfordern nach wie vor das allgemeine Abitur. Und diese Optionen hatte ich mir erst einmal verbaut.

Natürlich sah ich das damals nicht so, denn mit 18 wollte ich unbedingt Fotografie studieren. Für das, was ich mir ausgesucht hatte, hätte die Fachhochschulreife gereicht. Gemeinerweise hat das Leben schon kurz darauf wieder Lehrer gespielt. Ich musste nämlich im Rahmen der Fachoberschule ein längeres Praktikum im Krankenhaus absolvieren, als Pflegehelfer auf einer inneren Station. Diese Arbeit begeisterte mich damals dermaßen – ich hatte das erste Mal in meinem Leben das Gefühl, etwas Sinnvolles zu tun – dass meine Fotografie irgendwie nach hinten rutschte und bei meinen Zielen Platz für die Medizin machte. Blöderweise brauchte man für Medizin die allgemeine Hochschulreife und die hatte ich nun nicht mehr. Ich hatte ohne Not, im Grunde nur aus Bequemlichkeit, eine Entscheidung getroffen, die mir Optionen in der Zukunft geraubt hatte. Klar bin ich heute froh und dankbar, dass mein Leben so verlaufen ist, wie es ist, aber ich würde heute dennoch unbedingt darauf achten, möglichst viele Optionen zu erhalten. Optionen sind nämlich die Basis für Flexibilität.

F – wie Flexibilität

Je mehr Optionen Sie haben, desto flexibler sind Sie, das ist offensichtlich. Die Relevanz dieser Aussage nimmt in der heutigen Zeit jedoch dramatisch zu. Wenn alles sich immer schneller verändert und wenn das, was kommt, weniger vorhersehbar wird, ist es überlebenswichtig, flexibel reagieren zu können. Je flexibler Sie sind und je flexibler Sie auf Veränderungen reagieren können, desto leichter wird es Ihnen fallen, diese Veränderungen zu Ihren Gunsten zu nutzen. Je starrer Sie sind, umso leichter werden Sie zum Spielball und zur Manövriermasse.

An dieser Stelle können wir über eine weitere unserer typisch deutschen Eigenheiten nachdenken, den Traum vom Eigenheim. Natürlich verständlich. Allerdings bindet Sie selbstgenutztes Wohneigentum sehr stark an einen bestimmten Ort. Und wenn dieser Ort für Sie plötzlich, warum auch immer, nicht mehr passt, haben Sie ein Problem. Natürlich können Sie das Haus oder die Wohnung verkaufen, aber im Gegensatz zu anderen Ländern haben wir einen deutlich trägeren Markt für Immobilen. Es geht mir nicht darum, das Eigenheim schlechtzureden. Es geht mir aber darum, bestimmte Gesetzmäßigkeiten zu beleuchten, die uns in der disruptiven Zeit das Leben leichter machen oder die uns den Hals brechen. Wenn Sie sich also für selbstgenutztes Wohneigentum, um bei diesem Beispiel zu bleiben, entscheiden, sorgen Sie bitte auf jeden Fall dafür, dass Ihnen diese Entscheidung nicht jede Flexibilität nimmt. Gehen Sie zum Beispiel mit Ihrer Finanzierung nie bis ans Limit. Sorgen Sie dafür, dass Sie noch Spielraum haben. Den Spielraum, der es Ihnen ermöglicht, flexibel auf unvorhergesehene Ereignisse reagieren zu können. Und hier möchte ich gar nicht das so oft zitierte Beispiel der Waschmaschine, die kaputt gehen kann, weiter strapazieren. Aber wenn die Zeiten agiler werden, wird es wahrscheinlicher, dass Sie irgendwann einmal Opfer dieser Agilität sein werden. Und das könnte konkret bedeuten, dass Sie mal ein paar Wochen oder Monate ohne, oder zumindest mit geringem, Einkommen zurande kommen müssen. Wenn Sie bereits mit Ihrer Eigenheimfinanzierung bis ans Limit gegangen sind, schnürt Ihnen das den Hals ab. Wir brauchen mehr Flexibilität in Zukunft. Und wir sollten alles unterlassen, womit wir diese Flexibilität über Gebühr einschränken.

T – wie terminiert

Der letzte Buchstabe in der LOFT-Formel steht für den Zeitfaktor. Terminieren Sie Ihre Ziele, aber ebenso Zwischenschritte und Meilensteine. In disruptiven und stürmischen Zeiten können Sie davon ausgehen, dass ständig etwas Neues auf Sie zukommt. Neue Anforderungen im Job, neue Tätigkeitsfelder, neue Technologien und natürlich neue Menschen. Ziele und Prioritäten verschieben sich und werden von plötzlichen Dringlichkeiten verdrängt. Das, was Ihnen wichtig ist, rückt leicht in den Hintergrund oder fällt völlig. Damit das nicht passiert, ist es sinnvoll, sich Zeitpunkte und Termine zu setzen. Wenn Sie das tun, sehen Sie, wann etwas zu kurz kommt. Sie sehen aber auch, worauf Sie mehr Energie verwenden sollten.

LOFT – Stellen Sie sich stets die Frage, wie sich das, was Sie tun, langfristig auswirkt? Bringt es Ihnen zusätzlich Optionen oder beraubt es Sie der Wahlmöglichkeiten? Macht Sie das, was Sie tun, flexibler oder schränkt es Ihre Handlungsfreiheit ein? Und als Letztes: Haben Sie einen Zeitplan?

Natürlich gibt es Entscheidungen, die Optionen ausschalten und Sie gleichzeitig deutlich unflexibler machen. Sie treffen diese Entscheidung dennoch aus voller Überzeugung und mit ganzem Herzen – und das ist gut so. Katja und ich haben erst vor Kurzem geheiratet. Wenn man das ernst nimmt, schränkt dieser Schritt die Flexibilität und die Optionen deutlich ein. Aber es gibt sie eben, diese Entscheidungen, die absolut nicht LOFT-konform sind. Und wie gesagt, das ist auch gut so – es sollte Ihnen nur bewusst sein.

Worum geht es wirklich?

Bei allem Planen, Entscheiden und Priorisieren sollten Sie aber bitte eine Frage nie vergessen: Worum geht es wirklich in Ihrem Leben? Was ist das Wichtigste für Sie? Und sind die Zeit und Aufmerksamkeit, die Sie diesem entgegenbringen, auch nur ansatzweise angemessen?

Brandl/Porsch: Der Zukunfts-Code

Es ist das Wesen einer Zeit wie der heutigen, in der sich alles immer schneller verändert, dass Sie mit wahnsinnig vielen Dingen konfrontiert werden, die nach Ihrer Aufmerksamkeit schreien. Und auf viele dieser Dinge müssen Sie irgendwie reagieren. Da passiert es nur allzu leicht, dass das, was Ihnen wirklich wichtig ist, nach hinten rutscht. Vergegenwärtigen Sie sich daher kontinuierlich, worauf Sie Ihre Energie fokussieren und passen Sie das von Zeit zu Zeit an. Übernehmen Sie die Verantwortung dafür, dass in Ihrem Leben das passiert, was Sie wollen. Wenn es (im Moment) nicht so läuft, übernehmen Sie erst recht die Verantwortung und ändern Sie etwas. Wer soll Ihre Situation ändern, wenn nicht Sie selbst?

Arbeiten auf Zuruf oder selbstbestimmt?

Sätze wie »Ich mache meinen Job, alles andere interessiert mich nicht« oder »Dafür werde ich nicht bezahlt« werden in Zukunft immer weniger zu hören sein. Und das nicht, weil plötzlich die Motivation ausgebrochen ist unter deutschen Angestellten. Wir werden diesen Satz seltener hören, weil Menschen, die so denken, schlicht auf der Strecke bleiben werden. Nur seinen Job machen reicht in Zukunft nicht mehr. Erinnern Sie sich an das Beispiel mit dem Kellner aus dem letzten Kapitel? Wenn jeder zweite Job wegfällt, warum soll es gerade den nicht treffen, der Dienst nach Vorschrift macht? Wir brauchen deutlich mehr Eigeninitiative, deutlich mehr Eigenverantwortung – und zwar egal, ob Sie angestellt oder selbstständig sind. Ich kann mir sogar vorstellen, dass diese Grenze weiter verschwimmt. Wir haben vorhin schon einmal die Prognosen für den US-amerikanischen Markt angesprochen, die davon ausgehen, dass innerhalb der nächsten fünf bis zehn Jahre 72 Prozent aller Tätigkeiten von Freelancern ausgeübt werden. Das sehe ich zwar für den deutschsprachigen Markt nicht so drastisch, aber auch hier werden Angestellte mehr Eigenschaften von Selbstständigen brauchen.

Ein zugegeben kleines, dafür aber typisches Beispiel ist meine eigene Firma und unsere Personal-Skills-Academy. Wir haben zwar nicht sehr viele Angestellte, aber jene, die wir haben, haben weitgehende Freiheiten. Mir ist es egal, ob meine Grafikerin von zu Hause arbeitet oder ob sie ins Büro kommt. Mir ist es egal, ob die Texterin ihre Texte von 9 bis 17 Uhr schreibt oder lieber mitten in der Nacht. Hauptsache, die Arbeit wird gemacht und das Ergebnis ist nachher gut. Wir haben im Schnitt einmal pro Woche ein Meeting, bei dem alle Beteiligten zusammenkommen und die anstehenden Aufgaben und Projekte besprechen. Diese Meetings halte ich für sehr wichtig, allein schon, um so etwas wie Teamgeist oder Zusammengehörigkeit zu entwickeln. Aber von diesen Treffen abgesehen, arbeitet jeder weitgehend selbstbestimmt. Und selbst bei den wöchentlichen Meetings sind nicht alle dabei, weil sie gar nicht vor Ort sind. Wir haben einen Mitarbeiter in der Schweiz und einen in der Ukraine, die fliegen natürlich nicht jede Woche nach Berlin. Alle Teammitglieder müssen sich selbst steuern, auch weil es mir zu albern ist, Mama oder Papa zu spielen. Mir ist aber klar, dass viele Menschen mit diesen Freiräumen nicht klarkommen, denn natürlich arbeite ich persönlich auch am Wochenende und an Feiertagen. Und wenn ich dann etwas von meinen Leuten brauche, schicke ich eben gern mal um 23.00 Uhr oder am Sonntagvormittag eine E-Mail. Natürlich hatte ich schon Mitarbeiter, bei denen das gar nicht gut ankam, nach dem Motto: »Will der Alte jetzt, dass ich auch noch am Wochenende arbeite?« Nein, will ich nicht. Ich will nur, dass die Arbeit gemacht wird und warum sollte ich bis Montag neun Uhr warten, um eine Tätigkeit zu delegieren, wenn Samstag 23.00 Uhr für mich gerade passend ist? Die Freiräume, die ich unseren Mitarbeitern einräume, beanspruche ich natürlich auch für mich. Und ich erwarte von meinen Leuten, dass sie sich selbst einteilen, wann und wo sie das am besten tun.

Ich glaube, dass es immer mehr Menschen gibt, die genauso arbeiten wollen. Ich glaube auch, dass diese Arbeitsform unbedingt notwendig ist, um in einem Unternehmen wirklich agil sein zu können. Bei ständigen Veränderungen ist Steuerung durch einen Chef schlicht nicht mehr möglich. Aber wenn Steuerung nicht mehr möglich ist, wie kann es dann sein, dass Sie aufs Abstellgleis gesteuert werden? Ganz einfach: Wenn Sie sich nicht selbst steuern, fallen Sie zurück. Mitarbeiterinnen und Mitarbeiter, die nur auf Anweisung arbeiten und nur das tun, was explizit in ihrem Arbeitsvertrag steht, brauche ich nicht in meinem Unternehmen. Wenn Sie sich darauf verlassen, dass im Alter für Sie gesorgt ist, weil Sie doch schließlich Jahrzehnte in die Rentenversicherung eingezahlt haben, werden Sie mit sehr großen Einschränkungen und Verzicht leben müssen, wenn es so weit ist. Wenn Sie sich darauf verlassen, dass irgendetwas für Sie organisiert wird, dann sind Sie verlassen.

Und noch etwas wird in Zukunft nicht mehr funktionieren, nämlich Aussagen wie »Sollen die da oben doch erst einmal …« Ich weiß nicht, wie oft ich solche Sätze in Veränderungsprozessen schon gehört habe. Und ja, das ist meistens verständlich. Hilft aber nichts, vor allem nicht in einem Veränderungsprozess. Mir ist durchaus klar, dass wir in diesem Buch immer nur Forderungen an Sie selbst stellen. Ich weiß, dass die Rahmenbedingungen alles andere als optimal sind. Ich weiß auch, dass es schön wäre, wenn Dinge von anderen vorgelebt werden würden. Wir sollten nur nicht darauf bauen.

Vor einiger Zeit habe ich ein Unternehmen dabei begleitet, einen Werteprozess in der Unternehmenskultur zu verankern. Aus meiner Sicht ist es durchaus sinnvoll, sich darüber Gedanken zu machen, nach welchen Werten wir eigentlich unser Handeln ausrichten möchten. Dieses Unternehmen verständigte sich auf Werte wie Teamgeist, Partnerschaftlichkeit, Integrität und so weiter. Spannend war, wie die Mitarbeiter mit diesen Themen umgegangen sind. Für mich wäre es logisch gewesen, wenn man in die Diskussion über die Begriffe eingestiegen wäre. Z.B. »Was konkret beutet denn Integrität?« oder »Wo hört Partnerschaftlichkeit auf?«. Ich hätte auch verstanden, wenn einzelne Werte infrage gestellt worden wären oder darüber diskutiert worden wäre, ob vielleicht ein zentraler Wert fehlt. Ich habe in dieser Zeit viele Workshops zu diesem Thema in dem Unternehmen gehalten. Spannend war, dass diese Fragen nie diskutiert wurden. Es herrschte entweder grundsätzliche Ablehnung oder es gab den »Die da oben«-Tenor. Soll doch der Vorstand erst mal partnerschaftlich sein. Sollen die doch erst mal Integrität vorleben. So emotional verständlich diese Wünsche auch sein mögen, so sinnlos sind sie auf der Sachebene. Wie soll denn bitte ein Vorstand eines großen Unternehmens Partnerschaftlichkeit vorleben? Durch Zugeständnisse an die Mitarbeiter? In einem größeren Unternehmen hat man noch nicht einmal die Chance, auch nur ansatzweise mitzubekommen, wie sich bestimmte Menschen verhalten. Sie bekommen nur Entscheidungen mit und selbst diese häufig gefiltert und ohne Kontext. Wie sich der Mensch im echten Leben, seinen direkten Mitarbeitern gegenüber, verhält, davon haben wir keine Ahnung. Dazu kommt aber, und das ist viel wichtiger: In agilen Teams kann sich der Einzelne nicht auf »die da oben« herausreden. Um agil und schnell sein zu können, müssen diese Teams nämlich eigenverantwortlich handeln. Es gibt schlicht niemanden mehr, auf den man alles schieben kann.

Übernehmen Sie die Verantwortung oder es tut jemand anderes für Sie! Dann müssen Sie aber auch mit den Konsequenzen leben und machen, was dieser andere sagt.

Flexibilität oder das Ende der Festanstellung

Wenn wir all die Punkte, die wir bis jetzt beschrieben haben, zusammennehmen, kommen wir über kurz oder lang nicht darum herum, eine besonders heilige Kuh zumindest infrage zu stellen: das Konzept der Festanstellung. Nein, ich möchte damit nicht sagen, dass wir in Zukunft alle selbstständig sein sollen. Ich bin aber davon überzeugt, dass die Zeiten, in denen man einen festen Job anstreben konnte, bei einem Unternehmen, bei dem man sein Leben lang bleibt, endgültig vorbei sind. Der Grund dafür liegt schlicht und ergreifend im Wesen der Disruption. Wir haben es in den letzten Jahren wiederholt gesehen, dass kleine bis sehr kleine Unternehmen Giganten zu Fall gebracht haben. In seinem Buch »The Innovator's Dilemma« beschreibt der Harvard-Professor Clayton M. Christensen, warum das so ist und vor allem, warum das auch in Zukunft weiterhin so sein wird. Vereinfacht ausgedrückt geht es darum, dass Unternehmen heute vor der Wahl zwischen Pest und Cholera stehen. Kümmern Sie sich um Ihr Kerngeschäft, dann bieten Sie Newcomern die Chance, Sie mit einer disruptiven Idee anzugreifen. Entwickeln Sie selbst disruptive Ansätze, zerstören Sie damit Ihr eigenes Geschäftsmodell. Nehmen wir das Beispiel Taxi. Wenn die Taxizentralen ihr Produkt weiterentwickeln und z.B. dafür sorgen, dass die Taxis besser gewartet, sauberer und die Fahrer freundlich sind, wäre das zwar eine sehr gute Idee, bringt aber relativ wenig gegen die Ubers, Lifts oder Moias. Entwickeln Sie selbst eine Plattformlösung oder eine Shared-mobility-Lösung, graben Sie sich damit selbst das Wasser ab. Wie man's macht, ist es verkehrt.

Dieses Beispiel können wir auf praktisch alle Branchen übertragen. Wir können und müssen davon ausgehen, dass uns das disruptive Phänomen noch eine Weile erhalten bleibt. Für Arbeitnehmer bedeutet das, dass es passieren kann, dass ein Unternehmen, in dem sie gerade beschäftigt sind, Opfer einer solchen Disruption wird und einfach vom Markt verschwindet. Dann ist es aus mit der Festanstellung.

Neben diesen äußeren Einflüssen sprechen aber weitere handfeste Gründe dagegen, sein Heil in einer festen Anstellung zu suchen. Als Mitarbeiter sind Sie letztlich immer von den Entscheidungen Ihres Chefs abhängig. Sie können noch so sehr der Meinung sein, dass Ihr Unternehmen sich auf einem falschen Pfad befindet. Wenn Ihr Chef das anders sieht, nutzt Ihnen das nichts.

Wie schon gesagt, es geht mir nicht darum, Sie alle in die Selbstständigkeit zu schicken. Es geht mir aber darum, herauszustellen, wie wichtig selbstständiges und eigenverantwortliches Handeln ist. Hören wir auf, nach Schuldigen zu suchen, wenn etwas nicht funktioniert hat. Denn wenn Sie jemandem die Schuld geben, geben Sie ihm auch die Verantwortung. Und wenn Sie jemandem die Verantwortung geben, übertragen Sie diesem Menschen auch die Macht. Die Macht über Sie und Ihr Leben. Es hat keinen Sinn, nach Schutz zu rufen. Nach Schutz vor den Auswirkungen der Digitalisierung, nach Schutz vor Globalisierung. Schutz gab es früher in der Höhle. Heute müssen wir uns den Dingen stellen, aber dafür müssen wir Verantwortung übernehmen. Wir müssen uns bewegen – wir müssen agil sein.

Der 8. Schlüssel: A wie Agility – mehr als Hundesport!

Google ist bekanntlich ein recht gutes Instrument, wenn wir Informationen zu einem Thema finden wollen. Wir finden unterschiedliche Sichtweisen, weiterführende Informationen und Quellenangaben. Das Beispiel von vorhin mit der Google-Suche nach »Situation Deutschland« zeigt aber auch, dass Google etwas über die Relevanz eines Themas sagt und darüber, wie es von Betroffen wahrgenommen wird. Wer im Frühsommer 2018 nach Agility googlete, fand auf den ersten fünf Seiten nur Links zu Hundesport, Ausrüstern für Hundesport und dazwischen ab und zu mal eine Mitteilung eines Logistik-Unternehmens, das zufällig Agility heißt. Von agiler Führung oder Agility im Unternehmen weit und breit nichts. Die ersten fünf Seiten habe ich durchgeschaut, und außerdem die Google-Ergebnisseite 10 geprüft, auch da nichts. Erst ab Seite 20 kamen einzelne Links auf Unternehmensberatungen oder Texte von Trainern. Ist Agility also überbewertet oder sogar irrelevant?

Es wird in Unternehmen ständig über Agilität gesprochen und jede Menge Texte werden dazu verfasst, aber dennoch ist mein Eindruck, dass ein Verständnis für die Notwendigkeit echter Agilität noch lange nicht angekommen ist. Regelmäßig wird Agilität damit abgetan, dass halt mal wieder eine neue Sau durchs Dorf getrieben werden muss. Oder man führt wort- und gestenreich Scrum ein, ernennt einen Scrum-Beauftragten. Aber diesem Scrum-Master Befugnisse einzuräumen, so weit möchte man doch nicht gehen.

Was sind eigentlich agile Methoden?

Starten wir in diesem Zusammenhang gleich mit einem kleinen Ausflug dazu, was agile Methoden überhaupt sind.

Scrum ist ein Organisationsmodell, das ursprünglich aus der Softwareentwicklung stammt – übrigens genauso wie die meisten agilen Managementmethoden. Softwareentwicklung scheint ein Bereich zu sein, in dem es besonders auf Flexibilität und Schnelligkeit ankommt. Scrum heißt übersetzt so etwas wie Gedränge – und das beschreibt die Grundidee: Viele Menschen arbeiten in einem chaotischen Umfeld, in dem sich ständig alles ändert, zusammen. Scrum versucht, Ordnung in das Chaos zu bringen, ohne dabei die Flexibilität und die Kreativität abzuwürgen. Im Scrum gibt es drei mögliche Rollen für die Beteiligten. Einmal ist da der *Product owner*. Diese Rolle ist verantwortlich für das Projekt. Der Product owner ist die Schnittstelle zum Kunden und am Ende des Tages dafür verantwortlich, dass das Produkt so fertiggestellt wurde, wie es der Kunde braucht und bestellt hat. Die zweite Rolle ist der *Scrum Master*, der für Scrum an sich und das Funktionieren von Scrum verantwortlich ist. Diese Rolle managt den Prozess und räumt Hindernisse aus dem Weg. Zu guter Letzt gibt es das Entwicklungs- oder Umsetzungsteam. Das sind die Leute, die die eigentliche Arbeit machen. In Scrum können sie sich auf diese Arbeit konzentrieren, da ihnen alles andere abgenommen und der Rücken freigehalten wird.

Alle notwendigen Arbeitsschritte und Tätigkeiten werden in einer Liste, dem *product backlog* gesammelt. Dieses Dokument ist ständig im Fluss. Und das ist auch sinnvoll. Softwareentwicklung ist nun mal kein statischer Prozess, in dem man einen genauen Ablaufplan erstellen kann, der dann konsequent abgearbeitet wird. Ständig verändert sich etwas. Die Anforderungen des Kunden ändern sich, es kommen neue Anforderungen dazu. Es treten technische Schwierigkeiten auf, für die kreative Lösungen gefunden werden müssen. Diese kreativen Lösungen haben aber wiederum Auswirkungen auf andere Bestandteile der Software usw. Und genau hier zeigt sich die Stärke von Scrum: das Projekt ist hochgradig agil und kann schnell und effizient auf Veränderungen reagieren.

Design Thinking ist eine weitere agile Methode mit dem Ziel, die Art und Weise zu ändern, wie man Probleme und Herausforderungen angeht. Entwickelt wurde Design Thinking an der Stanford University und es zielt darauf ab, dass die Nutzer in Alternativen denken und neue, kreative Wege finden, Probleme zu lösen. Das Hauptprinzip dabei ist es, die Bedürfnisse des Anwenders in den Mittelpunkt zu stellen und durch seine oder ihre Brille zu sehen. Und hier geht es weniger um Ergonomie, vielmehr betrachtet man den Kontext und die Kultur, in der das Problem für den Nutzer auftritt. Aus dieser Betrachtungsweise heraus werden möglichst einfache Prototypen entwickelt, um einzelne Funktionen oder Optionen zu testen. Wichtig ist, dass man sich bei der Lösungsfindung und der Konstruktion der Prototypen möglichst frei macht, von existierenden Problemlösungen. »Think outside the box!« ist ein Motto. Aber Design Thinking sieht sich selbst vielmehr als Spielplatz, auf dem einfach ausprobiert werden kann. Und das ist auch der wichtigste Grundsatz: einfach machen. Ausprobieren! Dahinter steht die Idee, dass schnelle, einfache Prototypen den Innovationsprozess beschleunigen. Schließlich lernt man am meisten über die Schwächen einer Idee, wenn man sie ausprobiert.

Holocracy ersetzt klassische Strukturen durch sich selbst organisierende Teams, sogenannte Kreise. Klassische Hierarchien werden weitgehend abgeschafft und durch Rollen ersetzt. Dieses Rollenmodell haben wir bereits bei Scrum und bei Design Thinking gesehen. Holocracy geht aber noch einen ganzen Schritt weiter. Während Scrum letztlich eine Weiterentwicklung der Projektmanagementmethode und Design Thinking im weitesten Sinne eine Kreativitätstechnik ist, erhebt Holocracy den Anspruch, eine Organisationsstruktur für ein gesamtes Unternehmen zu sein. Ziel ist es, Engpässe an bestimmten Stellen oder bei überlasteten Personen genauso zu überwinden wie ineffiziente Prozesse oder Strukturen. Bereichsdenken soll ebenso überwunden werden wie das Politikmachen durch Gewähren oder Zurückhalten von Informationen.

Für jedes Thema, jede Herausforderung wird ein Kreis gebildet. Dieser Kreis organisiert und reguliert sich selbst und ist nur seiner Zielerfüllung verantwortlich. Die Kommunikation zwischen verschiedenen Kreisen wird durch

Administratoren gesichert. Diese Administratoren verhandeln mit anderen Kreisen über Ressourcen und Zeitpläne.

Holocracy wird bisher nur bei wenigen Unternehmen umfassend eingesetzt. Die Erfahrungen, die ich bei meinen Kunden machen konnte, sind ambivalent. Auf der einen Seite fördert diese Struktur sicher Kreativität und Kommunikation. Ich würde sogar so weit gehen, zu unterstellen, dass das Unternehmensklima positiv beeinflusst wird. Auf der anderen Seite entsteht ein immenser Kommunikationsaufwand. Dadurch, dass es niemanden mehr gibt, der eine normative Kompetenz hat (oder mit anderen Worten: niemanden, der ein Machtwort sprechen kann), verlangsamen sich manche Prozesse extrem oder versanden sogar.

Auf ein besonders krasses Beispiel für das absolute Gegenteil von Agilität und Zukunftsgewandtheit stieß ich vor einiger Zeit in Berlin. Dieses Beispiel für das Gegenteil von Agilität wäre fast schon witzig, wenn es nicht eigentlich tragisch wäre.

In Berlin gibt es eine Autovermietung. Es gibt natürlich mehrere Autovermietungen, aber diese eine ist besonders – das Unternehmen verfügt nicht über einen Computer! Nein, ich rede nicht davon, dass es keine funktionierende Online-Buchungsplattform hat oder kein funktionierendes CRM-Programm. Kein Mitarbeiter hat einen Computer, niemand. Es war Anfang 2018 und ich brauchte ein größeres Auto, weil ich ein paar Dinge zu transportieren hatte und außerdem ein Möbelkauf anstand. Ich war, wie so häufig, etwas kurzfristig dran und in Berlin waren keine Kombis oder Kleintransporter mehr zu kriegen. Ich hatte schon alle gängigen Buchungsportale abgegrast und war irgendwann in meiner Verzweiflung auf so einem Branchenverzeichnis gelandet. Ganz klassisch: Autovermietungen, Berlin, Charlottenburg. Und da war sie dann, in meiner Nähe. Ich rief an – und tatsächlich, sie hatten einen passenden Wagen. Ich

Brandl/Porsch: Der Zukunfts-Code

fragte, wo ich reservieren könnte und mir wurde geantwortet: »Da müssen Sie herkommen.« Hä?

Ich fuhr also hin und fand mich in einem Loch im Raum-Zeit-Kontinuum wieder. Ich betrat den Laden und war plötzlich im Jahr 1979. Es gab ein riesiges Board an der Wand, an dem mit Klemmschildchen die Verfügbarkeiten der einzelnen Autos und der einzelnen Mitarbeiter dargestellt wurde. Davor war eine Holztheke mit großen Büchern. In eines dieser Bücher wurde akribisch eingetragen, welches Auto ausgeliehen wurde, an wen und wann. Es gab Formularblöcke mit Kohlepapier und Durchschlag. Alles wurde händisch eingetragen und ausgefüllt. Beim Abgeben wurde die Vorgehensweise noch getoppt. Wieder wurde alles in verschiedenen Büchern eingetragen. Das entsprechende Klemmschildchen wurde von dem großen Board abgenommen und die Mitarbeiterin wandte sich ab, um ein Formular mit Durchschlag in eine Schreibmaschine einzuspannen. Sie ahnen es, das war für die Rechnung. Das Original wurde mir überreicht, der Durchschlag abgeheftet.

Jetzt könnten wir so etwas nostalgisch oder vielleicht etwas spleenig finden. Ich glaube aber nicht, dass die Inhaber in Wirklichkeit ein Büromuseum betreiben wollten. Vielmehr habe ich beim Abgeben ein Gespräch mitbekommen (hat ja lange genug gedauert). In diesem Gespräch zwischen Inhaber und einer zweiten Person, wahrscheinlich einem Stammkunden, kam die Sichtweise heraus: Alles wird immer schwieriger, die Kunden entscheiden nur nach dem Preis, keiner will mehr Qualität und Service. Doch, will ich! Aber Qualität hat etwas damit zu tun, wie lange ich warten muss, wenn ich einen Mietwagen abgebe. Service hat etwas damit zu tun, wie leicht es mir gemacht wird, mit dem Unternehmen Geschäfte zu machen, wie stark der Laden auf mich eingeht oder ob ich mich dem Unternehmen anpassen muss. Es funktioniert nicht alles über den Preis. Ich habe einfach keine Lust, für völlig ineffiziente

Prozesse und Verwaltungsstrukturen von vor 30 Jahren zu bezahlen.

Die mangelnde Offenheit dieser Autovermieter für Neues macht ineffizient, bindet Ressourcen und vernichtet Vermögen. Klar waren die Betreiber schon älter. Und wahrscheinlich beklagen sie, dass sie keinen Nachfolger finden, der ihre Firma übernehmen würde. Aber was soll man denn da bitte übernehmen? Durch ihr Festhalten an diesem »Das haben wir schon immer so gemacht« haben diese Leute den Firmenwert vernichtet. Von Agilität kann hier beim besten Willen nicht gesprochen werden, noch nicht mal von einem Ansatz davon. Besser wäre ein verknöcherter, kalkbröselnder Mini-Dinosaurier aus dem letzten Jahrhundert.

Zugegeben, dieses Beispiel ist einigermaßen extrem. Aber ich glaube, jeder von uns kennt Beispiele, in denen er oder sie sich gegen Veränderungen stemmt, in denen er oder sie beklagt, dass nichts mehr so ist wie früher. Nein, es ist nichts mehr so wie früher und es wird nie wieder so sein wie früher. Die Zeiten ändern sich. Doch eine der gravierendsten Veränderungen ist durch die Digitalisierung entstanden: die alten Eintrittsbarrieren sind weggefallen.

Alles war mal schwer, bevor es leicht wurde

Seit Beginn der Industrialisierung gab es eine immense Markteintrittsbarriere für neue Unternehmen – Kapital. Um überhaupt irgendetwas stemmen« zu können, brauchte man umfangreiche Ressourcen. Man brauchte Produktionsmittel und Maschinen, brauchte Waren und musste Personal einstellen und bezahlen. Sie sagen, das sei heute immer noch so? Nein, ist es nicht. Jetzt gerade, im Moment, in dem ich dieses Buch schreibe, sitze ich auf meiner Terrasse mit dem Notebook auf dem Schoß und tippe die Worte in den Rechner. Noch vor wenigen Jahren gab es diese Technologie nicht. Da hätte ich alles brav auf einer Schreibmaschine getippt und da ich das nicht besonders gut kann, hätte ich ewig dazu gebraucht. Wenn ich also einigermaßen effizient hätte sein wollen, hätte ich eine Sekretärin benötigt, die mir einen Großteil der Arbeiten abgenommen hätte. Arbeiten, die heute Technologien, wie mein Notebook und das Textverarbeitungsprogramm, übernehmen.

Die weitere Hürde waren Informationen. Informationen sind das A und O. Früher waren diese nicht sehr leicht zu beschaffen. Ich habe Ihnen schon von meiner einigermaßen bewegten Jugend berichtet. Direkt nachdem ich mich aus dem Gymnasium abgemeldet hatte, sagte meine Mutter natürlich, ich solle selbst schauen, wie ich zurande käme. In der Übergangszeit arbeitete ich ja in einer Fabrik am Band. Aber ich tat noch etwas anderes. Ich gründete eine kleine Firma und wollte Schmuck auf Flohmärkten und auf Musikfestivals verkaufen. Die Idee dazu kam mir auf einer Reise nach Rom, bei der ich feststellte, dass ich Schmuck dort deutlich günstiger einkaufen konnte als in Deutschland. Also dachte ich mir, «Kauf das Zeug in Rom und verkaufe es hier!«. Relativ bald wurde mir klar, dass es doch viel sinnvoller wäre, diejenigen zu finden, von denen die Händler in Rom ihre Ware kauften. Auf diese Weise könnte ich meinen Schmuck noch einmal deutlich billiger einkaufen und müsste nicht ständig mit dem Auto durch halb Europa fahren. Aber an die Namen und Adressen dieser Hersteller war es praktisch unmöglich, heranzukommen. Damals musste man auf Messen fahren und wahnsinnig aktiv sein, um einige einigermaßen vernünftige Kontakte zu finden. Ich brauchte mehrere Jahre, um gute Lieferantenbeziehungen aufzubauen – heute würden dafür wahrscheinlich ein bis zwei Nächte Recherche im Internet reichen.

Diese beiden Veränderungen wären happig genug gewesen – die technologische Revolution, vor allem durch den PC, und dann die Informationsrevolution durch das Internet. Wenn das schon dramatische Veränderungen waren, die nahezu alles auf den Kopf gestellt haben, dann hat die Digitalisierung dem Ganzen noch den zehnfachen Turbo aufgesetzt.

Wenige Jahre später, meinen Schmuckhandel hatte ich inzwischen aufgegeben, war ich zwar immer noch relativ jung und mitten im Studium, trotzdem hatte ich keine Lust mehr, jedes Wochenende auf irgendwelche Märkte zu fahren. Hätte ich damals noch ein paar Jahre durchgehalten, hätte ich das vielleicht nicht mehr müssen. Inzwischen bräuchte ich nämlich gar keinen Laden mehr, um meine Waren zu verkaufen. Ich müsste auch nicht mehr in der Kälte auf irgendwelchen Festivals stehen und im Regen auf Kunden hoffen. Ich könnte mein Business digitalisieren. Heute könnte ich mir einen Onlineshop bauen und vom Notebook aus verkaufen, und wenn ich mein Marketing einigermaßen geschickt aufbaue, sollte mir das auch gelingen.

Plötzlich sind alle Barrieren und Grenzen, wegen denen wir als kleines Unternehmen gegen die Großen praktisch keine Chance hatten, gefallen. Das Thema «Ressourcen» – gefallen. Das Thema «Zugang zu Informationen» – gefallen. Selbst das Thema «Zugang zu Kunden» – gefallen. Im Prinzip ist damit das erste Mal in der Geschichte der Menschheit so etwas wie eine Demokratisierung der Wirtschaft eingetreten – praktisch jeder kann ein Unternehmen gründen und sogar damit erfolgreich werden. Und es ist noch etwas passiert: Die Machtverhältnisse am Markt haben sich zumindest teilweise umgekehrt. Während früher kleine Unternehmen kaum eine Chance hatten, es mit den Großen aufzunehmen, sieht das heute zumindest teilweise anders aus. Die Großen haben nämlich den Kleinen gegenüber einen entscheidenden Nachteil: Sie sind zu träge! Marktanforderungen ändern sich derartig schnell, da kommen klassische große Strukturen mit ihren Arbeitskreisen und politischen Spielchen einfach nicht mit. Und hier tun sich plötzlich faszinierende Chancen und Möglichkeiten auf.

Das Paradoxe der Agilität

Die Paradoxie dieser Entwicklung wird deutlich am Beispiel eines meiner Kunden. Vor etwas mehr als fünf Jahren saßen zwei Projektmanager eines (sehr) großen IT-Unternehmens kurz vor Weihnachten zusammen, um ein Kundenprojekt fertigzustellen. Doch stopp: Es war gar nicht das Kundenprojekt, es war das Konzept. Und es ging noch nicht mal darum, dieses Konzept dem Kunden zu präsentieren. Es ging darum, dieses Konzept erst einmal im eigenen Hause vorzustellen und zur Umsetzung zu »verkaufen«. Kennen Sie das, wenn Ihr Kunde das kleinste Problem ist, das Sie haben? Und so zermarterten sich unsere beiden Projektmanager den Kopf, wie sie ihr Baby wohl intern am besten durchbringen könnten. Sie kamen aber immer wieder zu dem Schluss, dass es einfacher sei, billiger, effizienter und deutlich besser für den Kunden, wenn sie dieses Projekt allein, also ohne ihren Konzern, fortführen würden. Wie gesagt, es war kurz vor Weihnachten und beim Diskutieren floss etwas Rotwein. Einige Tage, einige Telefonate und einige Flaschen Rotwein später war es so weit. Die beiden machten sich gemeinsam mit fünf oder sechs anderen Kollegen aus ihrer Firma selbstständig und zogen das Projekt selbst durch.

Was dann kam, war eine absolute Erfolgsgeschichte. Innerhalb von fünf Jahren wuchs die Firma von anfänglich nur den Gründern auf über 300 Mitarbeiter. Und plötzlich war ein neues Problem da. Mit über 300 Mitarbeitern waren sie jetzt selbst eins dieser großen Unternehmen. Die Kunden erwarteten nun deutlich mehr und die Projekte wurden größer. Das ist zwar klasse für Gewinn und Ertrag, aber schlecht für die Liquidität –, man muss schließlich alle Projekte erst einmal vorfinanzieren. Aber ein Punkt trifft das Dilemma am besten: Die beiden fragten sich immer wieder: »Wie können wir sicher sein, dass nicht gerade jetzt irgendwo zwei unserer Mitarbeiter bei einer Flasche Rotwein zusammensitzen und sich sagen, dass sie das allein besser, billiger und effektiver könnten?«

Viele Giganten sind in Schieflage geraten, weil sie von kleineren, dafür aber wesentlich agileren Einheiten angegriffen worden sind, und genau das wird in Zukunft noch wesentlich häufiger passieren. Aber kleine Einheiten müssen ihre Trümpfe natürlich auch ausspielen. Wenn sie, wie unsere Autovermietung, der Meinung sind, dass all diese Veränderungen nur Modeerscheinungen sind, wird es wirklich langsam dunkel.

Agilität braucht es in Zukunft auf beiden Ebenen, auf Seiten des Unternehmens *und* der Mitarbeiter. Unternehmen können die agilsten Strukturen aufbauen, wenn sie ausschließlich Betonköpfe als Mitarbeiter haben, wird das nichts. Umgekehrt stimmt das natürlich genauso. Sie können der flexibelste, agilste und kreativste Kopf sein. Wenn Sie ständig gegen Betonmauern rennen, geben Sie irgendwann auf.

Fangen wir doch mit den Unternehmen an.

VUKA – das Schreckgespenst der Digitalisierung

Ich möchte Sie jetzt nicht mit den typischen Techniken, wie Kanban oder Lean Start-up, nerven. Darüber ist an anderer Stelle schon jede Menge geschrieben worden. Mir geht es auch nicht darum, Ihnen eine bestimmte Technik oder eine Methode vorzustellen, sondern um die notwendigen Grundhaltungen oder Voraussetzungen, damit diese Methoden erfolgreich und nachhaltig umgesetzt werden können. Gleichwohl sollten wir natürlich ein paar Basics nicht außen vor lassen.

Wenn Sie sich mit irgendeiner der agilen Methoden beschäftigen, werden Sie sehr bald auf das Akronym VUKA stoßen. VUKA bedeutet dabei nichts anderes als die Beschreibung der aktuellen Situation.

Volatilität und Veränderlichkeit: Ja, unsere Zeiten sind wirklich veränderlich, das haben wir schon einige Male angesprochen. Dazu kommt aber die Volatilität, also die Schwankungsbreite. Ein Aspekt dieser Volatilität ist das, was früher als »Modeerscheinungen« bezeichnet wurde. Die Geschwindigkeit und die Vehemenz, mit der diese »Modeerscheinungen« auch auf klassische Unternehmen einbrechen, ist beeindruckend – noch vor wenigen Jahren war es zum Beispiel unvorstellbar, dass Diesel-PKW plötzlich zum Ladenhüter werden. Das Blöde ist nur, Sie wissen vorher nicht, ob es eine Modeerscheinung oder eine disruptive Veränderung ist. Im Gegenteil: Jede Disruption verkleidet sich erst einmal als Modeerscheinung, bis sie groß genug ist, um ihre zerstörerische Seite auszuspielen. Noch im Jahr 2001 prognostizierte der sehr renommierte Zukunftsforscher Matthias Horx, dass das Internet auf dem absteigenden Ast sei und die tägliche Nutzungsdauer in absehbarer Zeit stark sinken würde. Es wäre aber grundfalsch und vor allem arrogant, Horx jetzt irgendetwas vorzuwerfen, denn selbst Bill Gates hat 1995 noch eine ähnliche These aufgestellt. Vorhersagen sind in unserer Zeit eben unsicher.

Natürlich ist es nichts Neues, dass man mit Vorhersagen oder Prognosen falsch liegen kann. Matthias Horx und Bill Gates reihen sich da nur in eine lange Reihe prominenter Vorgänger ein. Unvergessen ist zum Beispiel auch Wilhelms II., der sagte: »Ich glaube an das Pferd. Das Automobil ist nur eine vorübergehende Modeerscheinung.« Solche Fehleinschätzungen gab es immer und wird es immer geben. Der Unterschied zwischen unserer Zeit und der Zeit Wilhelm II. ist nur die Veränderungsgeschwindigkeit – heute passiert eine disruptive Veränderung nach der anderen. Und da kommen Fehleinschätzungen einfach stärker zum Tragen. Das bringt uns zum nächsten Buchstaben.

Unsicherheit: Und damit sind wir beim U von VUKA. Ja, die Zeiten sind unsicher und ungewiss. Gerade eben, weil viel von dem, was kommt, in den Bereich der unvorhersehbaren Zukunft fällt. Niemand kann heute sagen, ob sich die Digitalisierung so auswirken wird, dass massenweise Jobs wegfallen oder dass unter dem Strich massenweise neue entstehen. Für beide Szenarien gibt es Argumente. Als Pilot habe ich aber eine Sache verinnerlicht: Ich sollte mich immer auf Schwierigkeiten oder sogar den Worst Case vorbereiten. Wenn dann alles gut geht – prima. Natürlich könnten Sie einwenden, dass dann die Vorbereitung umsonst war – auf der anderen Seite wissen wir beide, dass das nicht stimmt.

Gute Vorbereitung ist übrigens allein schon oft der Grund, dass man die Szenarien, die man vorbereitet hat, später gar nicht braucht. Ich begleite immer wieder Unternehmen in schwierigen Phasen. Meine Arbeit besteht dann vor allem darin, mit den Verantwortlichen Kommunikationsstrategien zu entwerfen. Ein typisches Szenario ist zum Beispiel, dass Teile eines Unternehmens verkauft werden sollen. Hier kann man es sich absolut nicht leisten, dass Gerüchte aufkommen, nicht auf Seiten der Kunden, nicht auf Seiten der Mitarbeiter und nicht auf Seiten irgendwelcher anderer Stakeholder. In diesem Beratungsprozess behandeln wir Fragen wie: Wer sagt was? Wann? Zu wem? Was sind die Hauptaussagen? So eine Arbeit ist sehr intensiv, hat aber einen Haken: Wenn wir gut gearbeitet haben, taucht später überhaupt kein Problem auf. Alles läuft durch wie das warme Messer durch die Butter. Ich habe es schon mehr als einmal erlebt, dass ein Kunde nach einem erfolgreichen Kommunikationsprozess zu mir sagte: »Eigentlich hätten wir Sie doch gar nicht gebraucht, so glatt wie das lief.« Bei wirklich guter Vorbereitung entstehen halt die meisten Probleme gar nicht erst.

Komplexität: Irgendjemand hat mal gesagt, eine Situation als komplex zu beschreiben, heißt nichts anderes, als dass man selbst nicht mehr wüsste, was abgeht. Das ist vielleicht etwas überspitzt, trifft aber den Kern. Die Welt war von jeher komplex; was sich aber meines Erachtens verändert hat, ist die Menge an Einflussgrößen. Spätestens durch die Globalisierung kamen so viele neue Variablen dazu, dass sich das Ganze mit klassischen Instrumenten nicht mehr steuern lässt. Wir erleben gerade, wie der amerikanische Präsident versucht, mit einfachen Mitteln komplexe Probleme zu lösen. Ich glaube, er ist tatsächlich davon überzeugt, dass man Handelskriege einfach gewinnen könne. Wie komplex das alles ist, merkt man erst, wenn plötzlich Harley-Davidson die Produktion ins Ausland verlagert und Sojabauern im mittleren Westen zu Demonstrationen aufrufen, weil sie um ihre Existenz bangen.

»Das habe ich schon immer gesagt!«, rufen an dieser Stelle regelmäßig Teilnehmer bei meinen Vorträgen und man müsse »die Globalisierung stoppen«. Entschuldigung, das ist Blödsinn! Wir können die Globalisierung genauso wenig stoppen, wie wir der Erde sagen können, sie solle aufhören, sich zu drehen. Außerdem: Globalisierung stoppen hieße nichts anderes, als sich von bestimmten Regionen abzugrenzen – oder anders ausgedrückt: bestimmte Regionen auszugrenzen, damit aber gleichzeitig von Wohlstand und Entwicklung abzuschneiden.

Ambiguität: Die Definition des Begriffs Ambiguität lautet: Doppel- oder Mehrdeutigkeit einer Aussage, einer Lehre oder eines sprachlichen Ausdrucks. Und genau das ist damit gemeint, wenn wir sagen, wir würden Auswirkungen nicht kennen. Es kann mehr Jobs geben oder weniger. Wir haben die Beispiele schon angesprochen: Nestlé entlässt Hunderte IT-Spezialisten und ersetzt sie durch Branchenfremde. In vielen Städten gibt es Versuche mit autonomen Verkehrsmitteln. Die Indikatoren können so oder so gedeutet werden. Wie gesagt, als Pilot bereite ich mich lieber darauf vor, dass der weniger schöne Fall eintritt. Das hat übrigens nichts mit Schwarzseherei oder Pessimismus zu tun. Wenn ich Pessimist wäre, würde ich erst gar nicht in ein Flugzeug einsteigen.

»Wo hat der das eigentlich gelernt?« oder: Warum Zeugnisse nichts mehr helfen

Jetzt haben wir es also: Wir leben in einer VUKA-Welt. Und dennoch gibt es immer noch massenweise Menschen, die mit alten, linearen Konzepten reagieren wollen. Leider ist diese Denke in meiner Branche der Speaker, Trainerinnen und Berater sehr stark ausgeprägt. Das ist der Witz an Veränderung. Es brauchte aber keine VUKA-Welt, um zu zeigen, dass diese Denke nicht funktioniert. Dahinter steht nämlich nichts anderes als die Aussage, dass sich doch bitte jeder langsam nach oben arbeiten und seine Lorbeeren erwerben müsse, so wie wir das schon immer getan haben. Doch genau das funktioniert eben nicht mehr. Bitte verstehen Sie mich richtig: Ich bin ein Gegner von diesen »An-einem-Tag-in-fünf-einfachen-Schritten-zu-ewigem-Ruhm-und-Wohlstand«-Seminaren. Es braucht Erfahrung, es braucht Übung, aber wir müssen uns lossagen von dieser »Wo hat der das eigentlich gelernt«-Mentalität. Wenn sich bei uns neue Mitarbeiter bewerben, bin ich stets fasziniert von der Akribie, mit der Zeugnisse angehängt werden. Ich kann mich nicht erinnern, dass ich jemals eines dieser Zeugnisse gelesen hätte. In Zukunft brauchen wir eine Gründermentalität und eine »Cando«-Attitude, um bestehen zu können. Und wir brauchen die Offenheit, uns auf Dinge einzulassen, sie auszuprobieren, auch wenn keine klassische akademische Karriere dahintersteht.

Ein zweites Element, das sich wiederholt findet, sind Studien. Studien zur Akzeptanz von Lean, Studien zur Mitarbeiterzufriedenheit, es gibt sogar Studien über den Markt für Speaker und Speakerinnen. Ich bin natürlich absolut der Meinung, dass Aussagen faktenbasiert sein sollten. Ich bin ebenfalls der Meinung, dass es auf der Welt wahnsinnig viele sehr laute Menschen gibt, die ohne jede Basis, ohne profundes Wissen und ohne Erfahrung ihre Thesen in die Welt hinausposaunen. Und leider geben diese Menschen ihre Meinungen überdies als Fakten oder als Wahrheit aus. Diese Menschen sollten sich vielleicht doch mal intensiver mit Studien oder Basiswissen beschäftigen. Wir sollten aber nicht vergessen, dass jede Studie bestenfalls ein Blick in die Vergangenheit ist, und das setzt voraus, dass die Studie gut gemacht ist. Eine Studie über einen Markt und das Einkaufsverhalten der Kunden gibt jeweils nur Auskunft darüber, wie die Kunden gekauft haben. Daraus abzuleiten, wie sich dieses Verhalten in Zukunft entwickeln wird, ist mehr als fragwürdig. Dabei hilft es auch nicht, wenn nach den Bedürfnissen und Wünschen der Kunden gefragt wird. Jeder von uns, der sich schon einmal vorgenommen hat, gesünder zu essen und trotzdem nachts die Tiefkühlpizza in den Ofen geschoben hat, weiß, wovon ich rede.

Agilität braucht Kompetenz. Agilität braucht Erfahrungen. Werden Erfahrungen allerdings zu Gewohnheiten, kann es kritisch werden. Gewohnheiten erleichtern vieles, sie machen aber auch blind und führen im schlimmsten Fall dazu, dass wir die Realität verzerren oder gar nicht mehr wahrnehmen, wie im Beispiel der Autovermietung. Sie führen aber auf jedem Fall dazu, das wir an Bewährtem festhalten wollen und Neues tendenziell eher als Bedrohung sehen. Doch warum?

Gewohnheiten und warum wir sie so lieben

Wir fühlen uns wohl, wenn wir uns auskennen. Blöd nur, dass Digitalisierung und künstliche Intelligenz gerade so ziemlich alles verändern und dass die Veränderungen und

Umwälzungen, die wir gerade durchlaufen, in ihren Auswirkungen wahrscheinlich dramatischer sind als die erste industrielle Revolution. Da hilft es halt einfach nicht, so weitermachen zu wollen wie bisher. Ist vielleicht verständlich, aber sinnlos.

Kann man Gewohnheiten ändern? Klar! Aber schauen wir uns erst noch einmal kurz an, was eine Gewohnheit eigentlich ist. Eine Gewohnheit ist ein automatisiertes (Verhaltens-)Muster, das auf einen bestimmten Auslösereiz folgt. Ich stehe morgens auf und koche Kaffee. Aufstehen ist der auslösende Reiz, Kaffeekochen das Reaktionsmuster. Ich habe Stress und esse Schokolade. Ich habe Feierabend nach einem anstrengenden Tag und gehe erst mal ins Fitnessstudio, um den Kopf frei zu bekommen. All das sind Auslösereize mit darauffolgenden Reaktionsmustern. Veränderungen können ebenfalls auslösende Reize sein. Wir könnten darauf reagieren, indem wir sagen: »Cool, da gibt es etwas zu lernen«, müssen wir aber nicht. Wir können auch anfangen zu schimpfen, Schuldige suchen und uns in die Opferrolle begeben. Nicht ohne Grund nennt man bestimmte Verhaltensweisen »reflexartig«. Reflexartig ist zum Beispiel der Aufschrei bestimmter Gruppen, wenn die Sprache auf Digitalisierung oder veränderte Arbeitswelten kommt. Da sehen Gewerkschaften sofort die »digitale Sklaverei« auf uns zukommen und deshalb fordern sie das, was stets gefordert wurde: Mindestlohn, Umverteilungen und gesetzliche Regelungen. Den auslösenden Reiz, die Umstände, können wir nicht ändern. Digitalisierung ist da und die Welt dreht sich weiter – ob uns das passt oder nicht. Aber wir können die Muster ändern, mit denen wir darauf antworten.

Und noch mal: Ja, man kann Gewohnheiten ändern. Allerdings ist das etwas aufwendiger als gedacht. Die meisten Neurowissenschaftler gehen davon aus, dass wir etwa 70 bis 100 Wiederholungen brauchen, bis sich eine neue Gewohnheit etabliert. Das klingt eigentlich gar nicht so viel, läppert

Brandl/Porsch: Der Zukunfts-Code

sich aber. Wenn Sie sich zum Beispiel angewöhnen wollen, dreimal die Woche joggen zu gehen, müssen Sie das 70- bis 100-mal tun, und zwar in Folge. Sie merken, wo das Problem liegt? Wenn wir über etwas reden, das Sie einmal pro Arbeitstag tun, reden wir über drei bis vier Monate. Geht es um etwas, das Sie nur zweimal pro Woche machen, sind wir bei knapp einem Jahr. Wenn Sie es ein Jahr lang durchhalten, zweimal pro Woche joggen zu gehen, idealerweise regelmäßig an den gleichen Wochentagen, dann fehlt Ihnen etwas, wenn Sie das einmal nicht tun können – versprochen! Das Blöde ist nur, wir müssen erst einmal dieses eine Jahr durchhalten – und dafür braucht es Selbstdisziplin.

Zugegeben: Diese 70 bis 100 Wiederholungen beziehen sich vor allem auf Handlungsgewohnheiten und Bewegungsmuster. Offenheit und Agilität sind aber keine Bewegungsmuster, sondern eine Denkgewohnheit, eine Haltung. Doch die können wir genauso trainieren, allerdings nicht unbedingt auf die Art, dass wir beschließen, von jetzt an ein Jahr lang, zweimal die Woche offen zu sein. Sinnvoller wäre es, gezielt nach Situationen zu suchen, in denen Offenheit und Agilität erforderlich sind. Meines Erachtens sind Reisen dazu gut geeignet, aber eben bitte nicht dahin, wohin Sie wiederholt gereist sind und bitte nicht mit einer deutschen Reisegruppe.

Ich habe es bereits erwähnt: Es hat keinen Sinn, nur nach Schutz zu rufen. Nach Schutz vor den Auswirkungen der Digitalisierungen, nach Schutz vor Globalisierung. Schutz gab es früher in der Höhle. Heute müssen wir uns den Dingen stellen, aber dafür müssen wir die Verantwortung übernehmen. Wir müssen uns bewegen – wir müssen agil sein.

Alles Neue ist wider die Natur

Irgendwo habe ich diesen Spruch aufgeschnappt:»Alles, was erfunden wurde, bevor man 14 Jahre alt war, ist völlig normal. Alles, was zwischen 14 und 34 erfunden wurde, ist geil. Alles, was danach kam, ist wider die Natur.«Ein einleuchtendes und gleichzeitig banales Beispiel sind Smartphones. Für die einen, das Selbstverständlichste der Welt, für die zweite Gruppe faszinierende Technik; und die dritte Gruppe lamentiert darüber, ob Jugendliche denn heute nicht mehr miteinander reden. Und damit kommt die große Frage: Wie offen sind Sie wirklich? Klar würden wir uns gerne alle als weltoffen und flexibel bezeichnen, aber stimmt das? Vor einigen Jahren ist ein Schreckgespenst in deutsche Bürohochhäuser eingezogen, es gibt dafür sogar ein neuhochdeutsches Wort: *Agile Desk*.

Agile Desk bedeutet eigentlich nichts anderes, als dass Sie keinen eigenen Schreibtisch mehr haben. Sie haben einen Rollcontainer und ein Notebook, das war's. Und jeden Morgen, wenn Sie ins Büro kommen, schnappen Sie sich diesen Rollcontainer – Ihr Notebook haben Sie ohnedies bei sich – und suchen sich einen Arbeitsplatz, jeden Morgen aufs Neue. Vieleicht ist das bei Ihnen ja schon Realität. Wie geht es Ihnen damit? Oder wie wäre das für Sie, wenn Sie ab morgen so arbeiten sollten? Ich gebe es offen zu: Mir würde das nicht besonders gefallen. Ich mag es, zu wissen, wo ich hinmuss und ich bin ein Freund von individualisierten Arbeitsplätzen. Aber je länger ich darüber nachdenke, umso mehr muss ich einräumen, dass ich fast alles, was mir wichtig ist, auch in einer neuen Umgebung umsetzen könnte. Ich wäre es halt nur nicht gewohnt. Übrigens: Agile Desk müsste natürlich auch für Führungskräfte gelten. Seien Sie ehrlich: Wären Sie als Top-Führungskraft wirklich so offen, auf diese größeren und kleineren Privilegien zu verzichten? Mir würde das, zumindest bei einigen, schwerfallen.

Was braucht es für eine agile Unternehmenskultur?

Wie weiter oben gesagt: ich möchte Sie nicht mit einer Aufzählung von agilen Methoden nerven. Allerdings gibt es ein paar Besonderheiten, die existenzielle Voraussetzungen für das Entstehen einer agilen Kultur sind, nämlich:

▶ *Flache Hierarchien:* Eigentlich logisch – je ausufernder ein Organigramm ist, je mehr Hierarchieebenen es gibt, umso länger dauern Entscheidungen. Umso fehleranfälliger wird aber auch die Kommunikation. Je weniger Hierarchieebenen es gibt, umso dichter sind die Führungskräfte bei den Mitarbeitern und umgekehrt. Stellen Sie sich vor, Herr Winterkorn wäre regelmäßig mit seinen Entwicklungsingenieuren zusammengesessen. Und zwar nicht in Meetings mit strukturierter Agenda, sondern beim Mittagessen oder an der Kaffeemaschine. Wenn das regelmäßig passiert wäre, glauben Sie, dass der Dieselskandal so eine Dimension hätte annehmen können? Mir ist natürlich klar, dass man in einem Konzern wie VW nicht regelmäßig mit allen Mitarbeitern zusammensitzen kann. Aber man könnte über Strukturen nachdenken, in denen unabhängige Teams mit- und füreinander arbeiten. Und damit sind wir beim nächsten Punkt.

▶ *Agile Arbeitsstrukturen:* Es gibt hochspannende neue Organisationsformen wie zum Beispiel das schon beschriebene Holocracy, wo weitgehend auf klassische Hierarchien verzichtet wird und die Menschen in den eben schon angedeuteten, sich selbst organisierenden und eigenverantwortlichen Teams zusammenarbeiten. Meiner Wahrnehmung nach sind es bis jetzt Einzelfälle, in denen solche Organisationsmodelle über ein ganzes Unternehmen eingeführt wurden. Ich bin aber davon überzeugt, dass sich immer stärker eine projektbezogene Organisationstruktur durchsetzen wird. Übersetzt heißt das, Sie arbeiten heute in dem einen Team, morgen in dem anderen. Ich glaube, wir sollten uns darauf einstellen, ständig neue Kollegen, aber auch ständig neue Chefs zu haben. Spätestens hier geraten wir mit der »Der soll sich seine Lorbeeren erst mal verdienen«-Mentalität schnell an unsere Grenzen. Denn bevor Sie sich mit einem Thema erst einmal hervorgetan haben könnten, sitzen Sie schon wieder an einer anderen Aufgabe. Wir sollten uns aber auch von der Hoffnung verabschieden, dass bald mal wieder Ruhe einzöge. Change wird zum Dauerzustand.

Ich habe dieses Kapitel damit eingeleitet, dass alles, was erfunden wurde, nachdem man 35 ist, wider die Natur sei. Ich hatte außerdem gesagt, dass dieses Agile Desk nicht unbedingt meins wäre. Ich gebe sogar zu, dass ich bis vor nicht allzu langer Zeit noch wortreich begründet hatte, wie kontraproduktiv diese Art zu arbeiten sei. Und glauben Sie mir, ich konnte meine Thesen mit zahlreichen Studien und Praxisbeispielen untermauern. Inzwischen war ich aber oft genug bei einem dieser Co-working-Spaces zu Gast. Das sind meist größere Büroetagen, in denen man sich tatsächlich nur einen Arbeitsplatz mietet, und dann einfach den nimmt, der gerade frei ist. Wenn Sie solch einen Ort noch nie besucht haben, schauen Sie sich das mal an. Da sitzene junge Leute, die meisten mit Kopfhörern, und arbeiten konzertiert an ihren Notebooks.

Agility ist längst angekommen. Wir sollten nur die Augen aufmachen – wenn wir über 35 sind!

Experimentelle Grundhaltung – positive Fehlerkultur

»Wo gehobelt wird, da fallen Späne« – das gilt als absolute Binsenweisheit. Bis jetzt steht diese Aussage dafür, dass immer, wenn wir etwas tun, eben etwas schiefgehen kann. In Zukunft kommt aber etwas dazu. Bis jetzt war uns »Hobeln« bekannt. Wir wussten, zumindest im Groben, was wir tun müssen und was auf uns zukommt. In der neuen Arbeitswelt werden wir uns aber regelmäßig auf unbekanntes Terrain wagen müssen. Und genau darin liegt der Knackpunkt. Wenn wir weiterhin versuchen, mit unserer antrainierten Fehlervermeidungsstrategie auf diese neuen unklaren Rahmenbedingungen zu reagieren, müssen wir zwangsläufig scheitern. Es ist deshalb eine Überlebensfrage, dass Unternehmen es schaffen, eine experimentelle Grundhaltung zu etablieren, in der es darum geht, Dinge auszuprobieren, auch wenn sie das Risiko des Scheiterns innehaben. Und das gilt nicht nur für Unternehmen. Für jeden von uns wird es eine der zentralen Fragen sein, diese offene, experimentelle Grundhaltung einzunehmen – eine Frage, die über Erfolg und Misserfolg entscheidet.

»Nicht die Großen fressen die Kleinen, sondern die Schnellen fressen die Langsamen« – seit gefühlt dreißig Jahren ziert dieser Spruch jede zweite Büropinnwand. In Zukunft wird seine Aussage relevanter denn je.

Der 9. Schlüssel: I wie Improvement – konsequent besser werden

Improvement – Verbesserung, und zwar möglichst konsequente, ist der neunte Schlüssel, um den *Zukunfts-Code* zu knacken. Sie haben schon gehört, dass sich die Menge des Wissens inzwischen alle 24 Stunden verdoppelt. Halten Sie doch einmal kurz inne und überlegen Sie, was dieser Fakt für unsere Zukunft bedeutet. Jeden einzelnen Tag verdoppelt sich die Menge des Wissens auf der Welt. Klar ist da viel dabei, das nicht relevant ist. Aber wenn Sie sich allein die Entwicklung der Technologie und der Forschung im Consumerbereich anschauen, bekommen Sie eine Idee von den

Veränderungen, die in anderen Bereichen gerade ablaufen. Vorhin hatte ich das Beispiel der WM 2006 genannt, bei der kein einziges Foto gepostet wurde, und zwar, weil es schlicht noch keine Smartphones und kein Social Media gab. Doch halt, das ist falsch! Das iPhone wurde tatsächlich erst ein Jahr später erfunden, aber Handys mit Kameras gab es sehr wohl schon. Facebook war ebenfalls bereits geründet, aber wir haben noch nichts davon mitbekommen. Jetzt, in diesem Moment, in dem Sie diese Zeilen lesen, was glauben Sie, welche Unternehmen sind schon wieder gegründet worden, die die Welt verändern werden? Wir haben nur noch nichts von ihnen mitbekommen.

Die Welt verändert sich – aber es interessiert keinen

Viele Menschen glauben sich von dieser Entwicklung, also der Digitalisierung, der Globalisierung und den vielen kleinen Veränderungen lossagen zu können. Und nein, ich bringe nicht erneut das Beispiel der Autovermietung. Und doch bin ich immer wieder erstaunt. Wir werden tagtäglich mit neuen Entwicklungen konfrontiert, manche davon schmuggeln sich einfach so ein, um manche müssten wir uns aktiv kümmern. Im letzten Jahr war ich auf einem Weiterbildungskongress von Trainern und Speakern. Neben einigen anderen Themen gab es dort einen Track, der sich nur mit neuen Technologien beschäftigte, also *virtual* und *augmented reality, remote teaching* und so weiter. Das sind Entwicklungen, die die Branche der Teilnehmer direkt betreffen, man sollte also eigentlich meinen, dass das Interesse riesig sein müsste. Die Macher dieses Tracks gaben sich Mühe und hatten für jede der Technologien richtig gute Demos organisiert. Alle möglichen Geräte konnten die Besucher ausprobieren und testen. Und natürlich waren manche Sachen noch nicht ausgereift und ja, manche Anwendungsgebiete hätten noch deutlich besser herausgearbeitet werden können – aber mit ein klein bisschen Fantasie konnte man deutlich sehen, welches Potential vor einem lag. Aber das setzt voraus, dass die Besucher dies auch hätten sehen wollen. Und dieses Wollen war bei den meisten Teilnehmern einfach nicht da. Sie hatten zwar alles angeschaut, aber außer ein paar Witzchen und Fragen nach dem Sinn kam nicht viel. Schlussendlich kamen die meisten überein, dass diese Technologie absolut keine Bedrohung darstellte und dass es auch in Zukunft noch klassische Präsenzseminare mit zwölf Teilnehmern im Stuhlkreis geben würde. Und zwar für immer und ewig. Dass die meisten von jenen, die so sprachen, seit Jahren mit immer weniger Buchungen und rückläufigen Honorarsätzen zu kämpfen hatten, fiel ihnen nicht auf, zumindest nicht in diesem Zusammenhang.

Wir müssen uns weiterentwickeln. Standardkompetenzen helfen in Zukunft nicht weiter. Je mehr Menschen die gleichen Kompetenzen haben, desto leichter ist der Einzelne ersetzbar. Eigentlich müsste das jedem einleuchten. Doch offensichtlich greift erneut das Prinzip Hoffnung.»So schlimm wird es schon nicht kommen«. Ganz ehrlich? Doch!

Leider mache ich ähnliche Erfahrungen oft mit Seminarteilnehmern, allerdings nicht überall. Ich bin sehr viel unterwegs und habe daher einen kleinen Einblick, wie unterschiedlich Menschen in verschiedenen Kulturen mit neuem Wissen umgehen. Ein frappierender Unterschied fällt mir dabei häufig auf, wenn ich in den USA einen Vortrag halte oder ein Seminar gebe. Ja, ich weiß, es gibt viele Amerikaner, von denen sind aber viele nicht offen für Neues. Allerdings habe ich in meinen Vorträgen und bei den Veranstaltungen von anderen Kollegen, die ich in den USA besucht habe, andere Erfahrungen gemacht. Mir ist nämlich Folgendes wiederholt aufgefallen: Ich sitze in einem schlechten Vortrag. Inhaltlich schwach und rhetorisch dünn. In Deutschland würden sich nach so einer Performance die Zuhörer vor Lästereien gar nicht mehr einkriegen. In der Kaffeepause würde an dieser armen Seele kein gutes Haar mehr gelassen werden. In den USA passierte stets etwas anderes. Wenn man dort sagt »Der Vortrag war aber nichts ...«, bekommt man regelmäßig eine Antwort wie: »Stimmt, ich habe wirklich schon bessere Vorträge gehört. Aber was ich von ... gelernt habe, ist ...«. Zugegeben, meine Meinung ist in diesem Punkt absolut subjektiv, aber ich hatte häufig den Eindruck, dass Amerikaner mit einem offenen Mindset in eine Veranstaltung gehen. »Ich bin gespannt, was ich hier lernen kann«, scheint die gedankliche Grundhaltung zu sein. In Deutschland wirkt das auf mich anders: »Mal schauen, was der uns wieder erzählen will«, auf diese Haltung stoße ich oft. Natürlich, sogar ein deutsches Publikum kann man gewinnen, und auch bei uns ist es meistens so, dass die Teilnehmer nach einem Vortrag begeistert und aufgeschlossen sind. Aber diese skeptisch-pessimistische Grundhaltung scheint uns doch eigen zu sein. Das Problem ist nur, dass wir uns mit dieser Haltung selbst ins Off schicken. Wir können doch bitte nicht unbedingt davon ausgehen, dass derjenige, der die Lösung für unsere drängendsten Probleme gefunden hat, gleichzeitig stets ein rhetorisches Genie ist. Mit diesem »Was das jetzt schon wieder soll« verschwenden wir Ressourcen und lassen Chancen ungenutzt verstreichen. Ich würde mir mehr von diesem offenen Mindset der Amis in Europa wünschen und ich glaube, dass genau diese Offenheit und vor allem die Bereitschaft zu ständigem Lernen ein großer Teil der Basis für Erfolg in der Zukunft 4.0 sein wird.

Ausgelernt – da weiß man, was man hat

Ausgelernt. Ich habe keine Ahnung, ob es dieses Wort in irgendeiner anderen Sprache gibt. Es scheint mir aber, dass sehr viele Menschen bei uns diesen Ausdruck verinnerlicht haben. Und damit meine ich nicht, dass sie sich ab nun regelmäßig schlechte Vorträge anhören sollten. Ich glaube aber, dass die Frage danach sinnvoll ist, wie viel wir tatsächlich neu lernen. Wie viel Zeit wenden wir pro Jahr oder pro Monat auf, um uns weiterzuentwickeln? Ich kann mir vorstellen, dass mancher sagt:»Moment, ich entwickele mich ständig weiter. Ich lerne jeden Tag!« Nein, das tun wir nicht, zumindest dann nicht, wenn Ausbildung oder Studium schon ein paar Tage hinter uns liegen. Wir tun jeden Tag das, was wir immer tun, wir sind auf Autopilot geschaltet. Stellen Sie sich vor, Sie müssten heute mit dem Auto von Stuttgart nach München fahren. Was meinen Sie, könnten Sie nach dieser Autofahrt besser fahren als vorher? Mit Sicherheit nicht! Sie steigen ein, fahren los und nach kurzer Zeit»fährt es Sie«. Sie fahren völlig automatisiert und sind mit Ihren Gedanken ganz woanders. Die einzige Chance, die Sie haben, um Ihr fahrerisches Können weiterzuentwickeln, ist, voll Karacho in einen Unfall reinzubrettern. Wenn Sie mit quietschenden Reifen über die Autobahn schleudern und es irgendwie schaffen, da heil rauszukommen, können Sie etwas lernen. Im Alltag lernen wir so gut wie nichts. Aber braucht es immer erst Katastrophen?

Jedem ist klar, dass ein Fahrtraining sinnvoll ist. Aber wer hat eines gemacht? Freiwillig, ohne dass er oder sie von der Firma hingeschickt wurde? Stattdessen sitzen wir da und warten ab.

Sollten wir nicht erwarten, dass bei den aktuellen Rahmenbedingungen alles und jeder sich auf Weiterbildungen stürzt, dass jeder versucht, sich irgendwie weiterzuentwickeln und besser zu werden? Die Kurse müssten voll sein und die Nachfrage riesig. Tatsächlich sieht die Situation jedoch ein klein bisschen anders aus. Ich habe für verschiedene Kunden ein System entwickelt, das am besten als Nachhaltigkeitstool bezeichnet werden könnte. Über einen Zeitraum von einem Jahr bekommen die Teilnehmer an diesen Programmen einmal alle vierzehn Tage einen Impuls. Meist ist dieser Impuls ein kurzes Video, in dem ich einzelne Aspekte eines Trainings, das wir vorher gemacht haben, aufgreife, wiederhole und manchmal auch vertiefe. Diese Videos sind kurz, sie dauern keine fünf Minuten. Und sie sind so produziert, dass jeder sie problemlos auf dem Handy ansehen kann. Also alle vierzehn Tage je fünf Minuten. Die Reaktionen sind faszinierend. Ja, über die Hälfte freut sich über die Impulse, schaut sie regelmäßig an und profitiert davon. Es gibt jedoch auch eine kleine Gruppe von Menschen, die dieses Format einfach boykottieren. Ich kann nicht einmal davon ausgehen, dass sie das Format nicht gut fänden. Wie sollten sie, wenn sie es nicht nutzen? Bei der Plattform, mit der ich die Videos aussende, kann ich sehen, ob und welche Impulse ein bestimmter Teilnehmer gesehen hat. Oder besser gesagt, ich erkenne, ob er den Impuls überhaupt angeklickt hat. Wenn jemand seit fast einem Jahr nicht einmal einen einzigen Impuls angeklickt, geschweige denn gesehen hat, wie will dieser Mensch beurteilen, ob ihm die Impulse etwas bringen würden? Ich habe kein Problem, wenn jemand sagt: »Ich mag den Brandl einfach nicht und möchte ihn deshalb nicht sehen.« Das finde ich zwar schade, kann ich aber akzeptieren. Jeder hat seinen Geschmack. Aber häufig kommt die Aussage, man hätte keine Zeit. Hallo? Alle vierzehn Tage fünf Minuten und dafür hat man keine Zeit? Noch mal: ich kann damit leben, wenn jemand sagt, es interessiere ihn nicht oder er mag grundsätzlich keine Videos. Alles okay. Aber »keine Zeit« ist eine flache Ausrede. Man hat keine Lust und setzt andere Prioritäten. Aber keine Zeit für etwas, dass man im Zug, bei Wartezeiten oder sogar auf dem Klo machen kann – da sollte man vielleicht doch ein wenig ehrlicher mit sich selbst sein.

Vielleicht warten wir darauf, dass alles wieder so wird wie früher. Wird es aber nicht. Um im Bild mit dem Fahrertraining zu bleiben: Wir sitzen im Auto, fahren mit

200 Kilometern pro Stunde über die Autobahn und hoffen, dass keine Situation wie Aquaplaning auf uns zukommt. Bis jetzt war das vielleicht noch verständlich, an den meisten Tagen regnet es ja nicht. Aber das, was jetzt vor uns liegt, ist garantiertes Aquaplaning. Die »Straßenverhältnisse« werden sich garantiert verändern, aber wir warten weiter ab, nach dem Motto: »Erst mal sehen, in welche Richtung ich schleudere.«

Dieses Phänomen ist nicht neu. Kennen Sie solche Leute, bei denen Sie sagen, da sei der Zug der Zeit längst abgefahren? Oft wird bei Managern dieser Effekt deutlich. Ehemals brillante Köpfe haben irgendwie den Anschluss verpasst und finden sich plötzlich in einer Welt wieder, die sie nicht mehr verstehen. Früher passierte so etwas schon einmal zum Ende der Karriere. Heute ist das anders. Nachdem die Veränderungsgeschwindigkeit weiter zunimmt, nimmt logischerweise auch die Geschwindigkeit, mit der man eventuell den Anschluss verliert, dramatisch zu. Ist Ihnen zum Beispiel schon einmal aufgefallen, dass es zunehmend Berufe gibt, die vor zehn Jahren noch völlig unbekannt waren? Ich war im letzten Jahr eingeladen, um vor Abiturienten und Abiturientinnen zu sprechen. Da saßen knapp zweihundert junge Leute und erhofften sich, von mir zu erfahren, was sie tun sollten, um erfolgreich zu werden. Welchen Rat würden Sie diesen jungen Menschen geben? Lern erst einmal etwas Gescheites und such dir eine Festanstellung? Ich bin einen anderen Weg gegangen.

Wenn wir davon ausgehen, dass die Zukunft dieser Jugendlichen davon geprägt sein wird, dass ein Großteil aller Jobs durch künstliche Intelligenz und Roboter ersetzt werden, was bleibt dann noch?

Ganz einfach: Leidenschaft und Emotion!

Kann sein, dass Ihnen das zu pathetisch ist, aber lassen Sie uns noch einmal genauer hinschauen. Ein Großteil der Jobs, wie wir sie heute kennen, wird wegfallen oder sich zumindest stark verändern. Diese Veränderung wird auch Bereiche betreffen, die früher als erste Wahl gegolten haben: Ärzte, Anwälte, Lehrer, Piloten. Wer heute so ein Studienfach wählt, kann sich schon jetzt auf eine aberwitzige Konkurrenz gefasst machen. Erst recht gilt das für alle Tätigkeiten, die noch mehr Routinen umfassen – Mitarbeiter in Hotels, Sachbearbeiter, Beamte. Gleichzeitig gibt es aber auch mehr neue Berufe – Big-Data-Manager, Social-Media-Manager und App-Entwickler sind da nur allzu offensichtliche Beispiele. Mit hoher Wahrscheinlichkeit werden viele der Abiturienten von heute einmal in Berufen arbeiten, die es heute noch gar nicht gibt.

Die meines Erachtens einzige vernünftige Reaktion auf diese Situation ist, das zu machen, was man liebt. Katja hat schon vom W wie *Warum* gesprochen. Und genau das ist der Schlüssel, und zwar im wahrsten Sinne des Wortes. Natürlich ist es für einen 18-Jährigen schwer zu sagen, was man liebt. Oder besser ausgedrückt: Das wird sich wahrscheinlich auch noch wandeln. In meinen Augen geht es aber gar nicht darum, dass dieser 18-Jährige jetzt die final richtige Entscheidung für sein gesamtes Leben trifft. Im Gegenteil. Noch viel stärker als in meiner Generation wird sich dieser Mensch sowieso im Laufe seines Berufslebens öfter auf völlig neue Situationen einstellen müssen. Und deshalb ist es das Beste, was er oder sie tun kann, den eigenen Interessen zu folgen. Tun, was einem Spaß macht!

Ich höre an dieser Stelle schon zwei Gegenargumente. Einmal: »Wenn jeder tut, was ihm Spaß macht, wo kämen wir da hin?« Und dann: »Wenn das so leicht wäre, da müsste man erst einmal die Möglichkeiten dazu haben.«

Fangen wir mit dem ersten an.

Wenn jeder tut, was ihm Spaß macht, wo kämen wir da hin?

Im Zweifel kämen wir zu einer Gesellschaft von glücklichen Menschen. Aber im Ernst: Die Tätigkeiten, die uns keinen Spaß machen, werden die ersten sein, die von Robotern übernommen werden, einfach als Entlastung. Dazu kommt, und das ist viel wichtiger: Wenn Sie das tun, was Ihnen Spaß macht, haben Sie die Chance, zu echten Spitzenleistungen zu kommen. Versuchen Sie hingegen, das zu trainieren oder zwingen Sie sich dazu, Dinge zu tun, die Ihnen keinen Spaß machen, werden Sie bestenfalls mittelmäßige Ergebnisse erzielen.

Allerdings meine ich damit nicht, auf der Couch zu liegen und Playstation zu spielen. Dieses Machen braucht zwei Kriterien: Es muss etwas entstehen, das bleibt und idealerweise etwas verändert. Ein neuer Highscore bei Super Mario bleibt nicht und er verändert auch nichts. Ein Buch zu lesen, verändert etwas. Die Informationen, die man aus dem Buch zieht, bleiben und vielleicht verändern sie ein kleines bisschen den Blickwinkel. Zum Zweiten sollten Sie auch bei diesem Tun darauf achten, immer besser zu werden. Improvement bedeutet schließlich Verbesserung. Wenn Sie bei einer Tätigkeit nicht nach Verbesserung streben, bleibt es schlichte Beschäftigung.

Ich hatte von zwei Gegenargumenten gesprochen, wenn ich die These vertrete, jeder solle dem nachgehen, was ihm oder ihr Spaß macht. Das erste »Gegenargument« war: »Wo kämen wir da hin?«, das zweite lautet:

Dazu müsste man erst einmal die Möglichkeiten haben

Na klar gibt es unterschiedliche Ausgangssituationen und na klar fällt es manchen leichter, Träume zu verwirklichen. Wenn Sie finanziell ausgesorgt haben, ist es natürlich einfacher, zum Beispiel zu reisen, als wenn Sie jeden Tag darum kämpfen, sich und Ihre Familie zu ernähren. Die Frage ist für mich aber eine andere: Nutzen wir die Chancen, die sich uns bieten? Jeder Mensch in unserer Region hat Chancen. Vielleicht hat der eine tatsächlich bessere als der andere, aber solange man die Chancen, die man hat, nicht nutzt, was sollte sich dann durch bessere Chancen ändern? Egal wie gut oder schlecht Ihre Chancen sind, wenn Sie nicht nutzen, was Sie haben, wird nichts passieren. Ich habe genügend »wohlstehende« Menschen getroffen, deren Leben einfach nur vor sich hin dümpelt und die ständig darüber klagen, dass man »doch mal etwas machen müsse«. Im Frühjahr 2018 kam eine Schlagzeile nach der anderen, die genau auf dieses Thema einzahlten. Nestlé entlässt 500 IT-Spezialisten. IT-Spezialisten, das sollten doch eigentlich die sein, die überall gesucht werden, aber Nestlé entlässt sie. Warum? Weil ihnen Digitalisierungskompetenz fehlt.

Offensichtlich waren da einige mit ihrer Situation so zufrieden, dass sie verschlafen haben, sich um das zu kümmern, was kommt. Ich glaube, Sie stimmen mir zu, dass es für einen IT-Spezialisten leicht sein sollte, sich fit zu machen, was Digitalisierung betrifft. Wenn nicht für sie, für wen dann?

Lufthansa plant, 3.000 Führungskräfte zu ersetzen. Nein, es geht nicht darum, diese Stellen abzubauen, dieser Gedanke wäre der normale Reflex. Die Stellen sollen ersetzt werden! Und zwar durch Branchenfremde, die dafür aber eine überdurchschnittlich hohe Veränderungskompetenz haben. Auch Führungskräfte der Lufthansa hätten sicherlich genügend Möglichkeiten, ihre Kompetenzen weiterzuentwickeln. Aber wir müssen es eben tatsächlich *tun*. Wir müssen uns permanent weiterentwickeln, sonst werden wir in Zukunft ersetzt.

67 Prozent der Führungskräfte sind nicht für die Zukunft gerüstet

Das Job-Portal StepStone hat zusammen mit Kienbaum eine Studie veröffentlicht, die ergab, dass 67 Prozent aller Fachkräfte der Meinung sind, ihre Führungskräfte seien nicht gut für die Zukunft gerüstet. Das sind zwei Drittel! Eine andere Studie besagt, dass 82 Prozent der Top-Führungskräfte glauben, dass Digitalisierungs- und Veränderungskompetenz wichtig sei. Gleichzeitig traut man aber nur 7 Prozent der Führungskräfte der nächstniedrigeren Ebene diese Kompetenzen auch zu. Warum fangen diese Führungskräfte nicht einfach an, sich fit zu machen?

Über die Hälfte aller Jobs werden wegfallen oder sich zumindest stark verändern. Wenn wir weitermachen wie bisher, wenn wir nicht anfangen, uns mit dem nötigen Rüstzeug auszustatten, fallen wir zurück oder bleiben ganz auf der Strecke. Dabei sind die notwendigen Kompetenzen gar nicht so abstrakt. Sie müssen nicht Informatik studieren und programmieren lernen – außer natürlich, es macht Ihnen Spaß. Die notwendigen Kompetenzen liegen in einem anderen Bereich.

Wie können Sie sich sinnvoll weiterbilden?

Aus meiner Sicht gibt es drei zentrale Hauptkompetenzen, in denen Sie sich weiterbilden sollten. Diese drei zentralen Kompetenzen leiten sich direkt aus dem ab, was wir jetzt schon als vorhersehbare Zukunft wahrnehmen können und deshalb haben wir sie in diesem Buch bereits das eine oder andere Mal angesprochen. Es sind *Influencing*, *Agility* und *Self Management*. Bitte sehen Sie es mir nach, dass ich die englischen Begrifflichkeiten nutze. Der Grund ist einfach: Zum einen hat sich Agility im allgemeinen Management-Sprachgebrauch bereits eingebürgert. Zum anderen hat Influencing im Englischen eine leicht andere Bedeutung. Aber sehen wir uns die Punkte im Einzelnen an.

Influencing

Katja hat davon gesprochen. Wir haben bewusst nicht das deutsche Wort »beeinflussen« genommen, da es unseres Erachtens deutlich negativer besetzt ist. Influencing hingegen hat durch die sozialen Medien, wie YouTube und Instagram, eine positivere Bedeutung. Influencer sind Menschen, die weit überdurchschnittlich viele Follower haben. Oder anders ausgedrückt: die sehr viele andere Menschen erreichen. Und genau darum geht es: Menschen zu erreichen.

Verkauf funktioniert in Zukunft nicht mehr so wie bisher. Wenn Sie aber mit klassischen Verkaufstechniken nicht weiterkommen, müssen Sie es schaffen, dass Ihre Kunden mit Ihnen Geschäfte machen *wollen*. Sie müssen es schaffen, Beziehungstuner und Ermöglicher zu sein. Sie müssen es schaffen, einen Platz in der Welt Ihrer Kunden zu erobern.

Genauso wenig wie klassischer Verkauf wird klassische Führung in Zukunft noch funktionieren. Wenn eine Führungskraft ernsthaft glaubt, aufgrund ihrer Hierarchieebene Macht zu besitzen, und dass diese Macht ihr Gestaltungsmöglichkeiten gibt, wird es wohl bald ein bitteres Erwachen geben. Wenn Sie in Zukunft führen wollen, müssen Sie es schaffen, Menschen so zu erreichen, dass diese Ihnen folgen wollen, und zwar ohne es zu müssen. Wenn Sie Machtmittel einsetzen, werden Sie sehr schnell merken, dass Sie zwei Arten von Mitarbeitern haben: die Schlechten, die keine Alternativen haben, und die anderen, die vom Markt und von anderen Unternehmen gesucht sind. Die Schlechten werden bleiben, die Guten sind weg. Am besten können Sie sich das wohl in einem militärischen Kontext vorstellen. Sie können noch so viele Sterne und Streifen auf Ihren Schulterklappen haben, diese Machtsymbole nutzen Ihnen nur etwas auf dem Kasernenhof. Sobald Sie mit Ihrer Einheit aber allein im Feld, hinter feindlichen Linien, sind, wird sich zeigen, ob Sie von Ihrer Mannschaft akzeptiert sind. Entweder wollen Ihre Leute Ihnen folgen oder Sie kehren nicht heim.

Wir müssen es schaffen, zum Meister der Beeinflussung zu werden. Wir müssen Menschen erreichen und motivieren können. Und das gilt nicht nur für Führungskräfte oder Verkäufer. Projektmanagement, Aus- und Weiterbildung, Service – diese Kompetenz ist in jedem Bereich notwendig. Influencing wird das neue Differenzierungsmerkmal. Entweder, Sie schaffen es, dass Menschen Ihnen bereitwillig folgen, oder Sie stehen allein.

Agility

Dieser Punkt ist ein eigener Schlüssel und deshalb haben wir ihm ein eigenes Kapitel gewidmet. Und das ist auch richtig, denn diese Agilität, die Fähigkeit, sich überdurchschnittlich schnell an neue Gegebenheiten oder Rahmenbedingungen anzupassen, wird die zweite zentrale Kompetenz sein, die wir in Zukunft überdurchschnittlich brauchen werden. Das Problem ist nur, dass unsere gesamte Umwelt, unsere Gewohnheiten und sogar die Art, wie unsere Gehirn funktioniert, alles sind, aber nicht agilitätsfördernd. Dabei ist Agilität letztlich nichts anderes als eine Gewohnheit. Trainieren Sie diese Gewohnheit, indem Sie sich möglichst oft mit neuen Themen auseinandersetzen! Versuchen Sie sich mit Themen zu beschäftigen, mit denen Sie noch nie zu tun hatten.

Wenn Sie noch nie in der Oper waren, gehen Sie hin! Sie müssen nicht zum Opernfan werden, aber versuchen Sie zu verstehen, was Oper ist. Reden Sie mit Menschen, die die Oper lieben und versuchen Sie herauszufinden, was es ist, das sie so fasziniert. Oper war natürlich nur ein Beispiel. Sie können das mit allem tun. Wichtig ist: Verlassen Sie Ihre Komfortzone, tun Sie etwas Neues und gehen Sie Risiken ein. Wenn Sie noch nie (oder schon sehr lange nicht mehr) die Gegend verlassen haben, in der Sie aufgewachsen sind, dann tun Sie es! Und mit »verlassen« meine ich nicht zweimal im Jahr für zehn Tage nach Mallorca zu reisen. Ich meine richtig verlassen, wegziehen. Und zwar so weit, dass Sie nicht einfach mal schnell zu Hause vorbeikommen können. Wenn Sie nicht aufgeben können, was Sie dort haben, denken Sie über ein Sabbatical nach. Gehen Sie für ein Jahr weg oder nehmen Sie zumindest mal drei Monate unbezahlten Urlaub und mieten Sie sich für diese Zeit in einem anderen Land ein Appartement.

Auf diese Weise haben Sie gleich drei Effekte, die auf Ihr Agilitätskonto einzahlen. Sie leben drei Monate in einer fremden Umgebung, das ist der erste Faktor. Sie müssen sich anpassen, müssen erst einmal herausfinden, wo Sie was bekommen, müssen sich an eine andere Kultur und hoffentlich auch anderes Essen gewöhnen. Wenn Sie jetzt einwenden, Sie könnten sich das nicht leisten, kommen Sie direkt zum zweiten Faktor, der auf Ihr Agilitätskonto einzahlt: Sie müssen es schaffen, irgendwie ohne das Einkommen von drei Monaten auszukommen. Vielleicht heißt das, dass Sie anfangen müssen, selbst zu kochen, vielleicht aber auch, dass Sie auf gewohnten Luxus und verschiedene Annehmlichkeiten verzichten müssen. Auf jeden Fall müssen Sie sich auf neue Rahmenbedingungen einstellen. Merken Sie schon, wie die Agilitätsbremsen in Ihrem Kopf aktiv werden? Zu guter Letzt müssen Sie sich in einer fremden Sprache ausdrücken. Vielleicht müssen Sie diese Sprache sogar erst lernen. Wahrscheinlich ist das sogar der Faktor mit den stärksten Auswirkungen unter diesen dreien.

Ein sehr guter Freund von mir steht genau vor dieser Herausforderung. Er ist beruflich durchaus erfolgreich, ein sehr guter Verkäufer, aber er schafft es einfach nicht, den

Brandl/Porsch: Der Zukunfts-Code

nächsten Schritt zu gehen. Er merkt, dass die Rahmenbedingungen in seinem Job immer ungünstiger werden und er würde nichts lieber tun, als den Arbeitgeber und die Branche zu wechseln. Es gibt auch genügend Optionen, die ihn reizen würden und seine Chancen auf einen dieser Jobs wären sehr gut. Es gibt nur einen einzigen Punkt, der ihm im Weg steht: sein Englisch. Natürlich hat auch er in der Schule irgendwann Englisch gehabt, aber das liegt, wie bei den meisten von uns, schon eine Weile zurück. Seitdem hat er nichts mehr mit Englisch gemacht und so ist alles, was da einmal war, verlorengegangen. Natürlich versteht er das eine oder andere. Aber es reicht nicht, um einem normalen Gespräch einigermaßen folgen zu können. Verstärkt wird das Ganze durch einen Effekt, den Sie mit Sicherheit kennen: Wir können etwas nicht besonders und delegieren es daher an jemand anderen, in seinem Fall an seine Partnerin. Wenn die beiden irgendwo im Ausland unterwegs sind, übernimmt sie die Kommunikation. Dumm nur, dass das Problem mit dem fehlenden Englisch dadurch nicht nur zunehmend schlimmer wird, es manifestiert sich regelrecht. Aber warum lernt er nicht einfach die Sprache? Ich bin durchaus überzeugt, dass meinem Freund bewusst ist, wie wichtig es wäre, Englisch zu lernen. Ich glaube auch, dass er schon den einen oder anderen Versuch gestartet hat, es wirklich zu tun, bis jetzt aber noch nicht sehr erfolgreich.

Wir scheitern aber stets aus den gleichen Gründen. Wir verwechseln das Wichtige mit dem Dringenden. In »Crash Kommunikation« habe ich das Eisenhower-Prinzip beschrieben. Eisenhower unterschied zwei Dimensionen: »Wichtig« und »Dringend«. Die Dimension »Wichtig« hat etwas mit dem jeweiligen Ziel zu tun, die Dimension »Dringend« mit der Zeit. Den Unterschied habe ich anhand meiner Steuererklärung beschrieben. Wenn es mein Ziel ist, gute und gut bezahlte Vorträge zu halten, inwieweit hilft mir dabei meine Steuererklärung? Richtig, gar nicht. Sie ist also nicht wichtig. Jetzt war ich sehr nachlässig und habe schon länger keine Steuererklärung mehr abgegeben. Was wäre, wenn das Finanzamt mir ein Bußgeld von 10.000 Euro androht, wenn ich die Erklärung nicht innerhalb von vierzehn Tagen abgebe – wäre die Erklärung wichtiger? Wenn Sie jetzt »Ja« sagen, denken Sie bitte noch einmal über die Frage nach, inwieweit mir meine Steuererklärung dabei hilft, gute Vorträge zu halten. Richtig, gar nicht. Auch nicht, wenn sie mit einem Bußgeld bedroht ist. Dringend ja, aber sie hilft mir schlicht nicht dabei, meine Ziele zu erreichen. Warum ist diese Unterscheidung wichtig? Weil die wirklich wichtigen Sachen meistens nicht dringend sind. Und deswegen werden sie von »Auf-Dringlichem« verdrängt. Im Leben meines Freundes passiert so viel, auf das er reagieren muss, so viel Stress, dass das wichtige Englischlernen einfach auf der Strecke bleibt.

Die zweite Falle, in die wir oft tappen, haben wir ebenfalls bereits beschrieben: die Komfortzone. Natürlich ist es unangenehm, plötzlich erneut die Schulbank zu drücken. Es ist anstrengend, und vor allem ist es erst mal mit lauter Misserfolgserlebnissen verbunden. Er würde anfangen, die Sprache zu lernen, aber trotzdem ständig auf Menschen treffen, die besser Englisch sprechen als er. Ein unangenehmer Zustand, dem unsere Psyche ausweichen möchte. Blöderweise haben wir genügend Möglichkeiten, auszuweichen. Damit das nicht passiert, braucht es die dritte zentrale Kompetenz, in der Sie sich weiterbilden sollten.

Self-Management

Früher war es noch so, dass uns jemand vorgegeben hat, was wir wann zu tun haben. In der Schule hatten wir einen Lehrplan und feste Zeiten, zu denen wir zum Beispiel Prüfungen schreiben mussten. Im Berufsleben ist meistens mit struktu-

Brandl/Porsch: Der Zukunfts-Code

rierter Delegation geführt worden. Es gab eine klare Aufgabe, mit einem fixierten Enddatum und idealerweise genau definierten Meilensteinen. Schon wieder war da also ein externes Management, dem wir uns untergeordnet haben. Genau das fällt aber mehr und mehr weg. Immer weniger Menschen sind bereit, sich führen zu lassen. Verhaltensweisen, die ich noch von Chefs kannte, als ich ins Arbeitsleben eingestiegen bin, würde sich heute kaum mehr jemand gefallen lassen. Dazu kommt, dass die jüngeren Generationen zunehmend nach selbstbestimmter Arbeit suchen. Das wird zwangsläufig darauf hinauslaufen, dass immer weniger geführt wird. Wenn Sie aber niemanden haben, der Sie führt, wenn Sie niemanden haben, der Sie managt, müssen Sie das eben selber tun. Die Fähigkeit, sich selbst zu managen, ist die dritte zentrale Kompetenz, um die Sie sich kümmern sollten. Ich erlebe so viele Menschen mit guten Ideen und Konzepten, von Talent ganz zu schweigen, aber irgendwie bringen die meisten davon nichts auf die Kette. Vom Reden über gute Ideen allein passiert nichts. Beschäftigen Sie sich mit Techniken, um sich selbst zu steuern! Das fängt beim klassischen Zeitmanagement an und führt sehr schnell dazu, dass Sie sich erst einmal darüber klar werden, wo Sie überhaupt hinwollen. Von diesem Zielbild ausgehend, können Sie eine Strategie ableiten, mit der Sie das Ziel tatsächlich erreichen. Diese Strategie können Sie in einzelne Arbeitsschritte übersetzen. Diese müssen Sie dann aber auch gehen.

Wir können uns nicht mehr darauf verlassen, dass irgendjemand uns dabei hilft, unsere Probleme zu lösen. Was wir aber in Zukunft sehen werden, ist eine zunehmende Gleichmacherei. Unterstellen wir kurz, es käme wirklich so, dass über die Hälfte aller Jobs einfach wegfallen würden und nein, es entstünden nicht mindestens ebenso viele neue Jobs durch die Digitalisierung. Die Auswirkung wäre, dass plötzlich Hunderttausende arbeitslos wären. Auf die Wirtschaftskraft hätte das keinen Einfluss, da die Leistungserbringung ja weiterhin stattfindet, nur eben durch Maschinen. Maschinen kaufen aber nun mal nichts. Um diesen Kaufkraftverlust auszugleichen, aber auch um zu großen Unmut in breiten Bevölkerungsschichten zu vermeiden, würde es mit Sicherheit eine, wie auch immer geartete, Grundversorgung geben. Sie können das »bedingungsloses Grundeinkommen« nennen, aber mir persönlich wäre das zu romantisch verklärend. Die Grundversorgung würde an sich schon deswegen kommen müssen, weil es sonst zu sozialen Verwerfungen kommen würde. Und die will keiner. Die Grundversorgung würde auch deswegen kommen, weil es ja irgendjemanden braucht, der die Waren und Dienstleistungen kauft, die von den Maschinen hergestellt wurden. Finanziert würde dies über eine Robotersteuer oder so etwas Ähnliches. Über Ihr Auskommen müssten Sie sich also keine Sorgen machen, dafür würde gesorgt werden. Aber eben für ein Auskommen auf niedrigem, standardisiertem Niveau. Es wird keine Angebote geben, die Ihnen helfen, wieder einen Job zu bekommen, denn diese Jobs gibt es ja nicht mehr. Es gibt Jobs nur für bestimmte Menschen und warum sollte man dann versuchen, die Masse dazu zu bringen, aktiv zu werden? Es wird Sie also niemand fördern und es wird Ihnen niemand einen Plan machen. Entweder Sie machen das selbst, oder es passiert einfach nicht.

Und jetzt müssen Sie eine Entscheidung treffen: Reicht es Ihnen, auf einfachem Niveau ein Durchschnittsleben zu führen oder wollen Sie mehr? Wollen Sie etwas aus Ihrem Leben machen? Wollen Sie Ihr Potential entfalten und etwas bewegen? Dann müssen Sie dafür sorgen, dass es dazu kommt. Dann muss Ihr Selbstmanagement so gut sein, dass Sie planvoll Ihre Ziele erreichen.

Der 10. Schlüssel: N wie No Excuses – keine Ausreden mehr!

Keine Entschuldigungen, das ist der letzte und vielleicht sogar der wichtigste Schlüssel. Zum einen sind Entschuldigungen oder Rechtfertigungen völlig sinnlos. Gut, das waren sie schon immer. Rechtfertigen, jammern und einen Schuldigen suchen hat noch nie etwas verändert – eher die Situation manifestiert. In Zukunft werden diese Rechtfertigungen aber immer weniger Gehör finden, zumindest nicht von denen, die erfolgreich sind.

Zum anderen gibt es aber auch keine Entschuldigungen mehr. Die Zukunft mit ihren neuen Technologien bietet mehr Möglichkeiten als jede andere Zeit vor uns. Noch nie waren wir so uneingeschränkt wie heute. Zumindest in Mitteleuropa sind wir perfekt ausgestattet, um den Herausforderungen erfolgreich zu begegnen. Wir sind gut ausgebildet, zumindest wenn wir das wollen. Wenn wir etwas versuchen und scheitern, fallen wir in ein soziales Netz. Ja, es gibt Armut und es ist schwer, durchzukommen, wenn man alles verloren hat. Aber wir müssen nicht verhungern und wenn wir krank werden, können wir zum Arzt gehen. Wir müssen nicht um unser Leben fürchten und wir haben ein Dach über dem Kopf. Niemand sagt, dass es leicht wird. Aber wer soll denn bitte Verantwortung für die Zukunft übernehmen, wenn nicht wir? Wenn Sie die Länder und Regionen auf der Welt vergleichen, wer hätte irgendwo auf der Welt bessere Chancen als wir? Es geht nur darum, dass wir diese Chancen nicht verspielen.

Aber wie können wir Chancen nutzen, wenn wir sie gar nicht sehen? An diesem Punkt kommt wahrscheinlich der wichtigste Part ins Spiel – wir sehen Chancen und Möglichkeiten nicht. Dafür gibt es verschiedene Gründe. Zum einen natürlich die Filter unserer Wahrnehmung. Wir sehen, was wir sehen wollen. Katja hat das mit dem Begriff »Fokus«

umschrieben. Sind Sie im Problemfokus oder im Lösungs-modus? Wenn wir im Problemfokus sind, ist es schwer, Lö-sungen zu sehen.

Der zweite Punkt, warum wir Chancen nicht sehen, ist, weil wir nicht wissen, wonach wir suchen sollen. Ich kann mich noch gut daran erinnern: Ich war vielleicht 17 oder 18 und meine Freunde und ich redeten oft darüber, wie groß-artig es doch wäre, eine Marktlücke zu finden. Doch da-mals hatte ich noch eine andere Vorstellung davon, was das überhaupt sein sollte. Ich dachte damals, eine Marktlücke zu finden sei so etwas wie eine große Offenbarung. Man läuft so seines Weges und plötzlich fällt einem auf: ups, es gibt noch keine Autos, oder dass es Zeit wäre, die Glühbir-ne zu erfinden. Und da das eine Marktlücke ist, wäre man der Einzige, der sie schließt und würde in kürzester Zeit reich und berühmt. Man müsste sie halt nur finden, diese Marktlücke.

Ich weiß nicht, ob dieses Spiel jemals so funktioniert hat, in Zukunft tut es das sicher nicht mehr. Dafür funktio-niert aber etwas anderes: Probleme lösen. Und damit meine ich gar nicht die großen weltweiten Probleme wie Hunger und Wasserknappheit. Ich meine die kleinen Probleme, die uns täglich nerven. Lassen Sie mich Ihnen an einem zugege-ben sehr abstrakten Beispiel zeigen, was ich meine. Vor ei-nigen Jahren war ich in Würzburg mit Freunden beim Hof-gartenweinfest. Ich weiß nicht, ob Sie Würzburg kennen, aber dieses Fest ist besonders. Im Garten der Würzburger Residenz, vor idyllischem Hintergrund und sehr roman-tisch. Wir saßen also da und hatten Spaß, aber auch ein Problem. Dieses Fest wurde damals nämlich ausgesprochen früh beendet. Ich weiß nicht mehr genau wann, aber ich denke es war gegen 22.00 oder 22.30 Uhr. Und wenn die zumachen, wird es relativ schnell ungemütlich. Erstens gibt es nichts mehr zu trinken und zweitens machen die relativ bald das Licht aus.

Brandl/Porsch: Der Zukunfts-Code

Wir saßen also da, im Dunkeln, und dann kam einer dieser Rosenverkäufer. Freundich lächelnd hielt er uns seine Rosen unter die Nase. Aber das war nun gar nicht das, wonach uns in diesem Moment der Sinn stand. Wir sagten ihm also, dass wir keine Rosen wollten. Er grinste noch etwas mehr und sagte regelrecht verschwörerisch: »Kerzen?« Ich fand die Idee an sich schon klasse, aber er toppte das sogar noch. Als wir ihm zwei, drei Kerzen mit einem guten Trinkgeld abgekauft hatten, wurde er noch verschwörerischen und fragte: »Wein?« Da war er, mein Problemlöser!

Welches Problem können Sie lösen?

Ich sage natürlich nicht, dass Sie alle in Zukunft unter Umgehung des Ladenschlussgesetzes und der Steuerpflicht Wein auf fränkischen Festen verkaufen sollten. Aber Sie können mit offenen Augen durch das Leben gehen und darauf achten, welche Probleme Sie nerven. Im Jahr 2012 taten das drei Studenten aus München. Alle drei waren sportbegeistert. Aber alle drei waren genervt von klassischen Fitnessstudios. Warum war es nicht möglich, eine Art Personal Trainer zum Mitnehmen zu konstruieren und das Fitnessstudio gleich mitzuliefern? Gesagt, getan. Das Problem mit dem Fitnessstudio haben die drei einfach dadurch gelöst, dass das Training nur aus Bodyweight-Übungen besteht. Man braucht also außer seinem eigenen Körper nichts, um das Training durchzuführen und kann so überall auf der Welt, in jedem Hotelzimmer oder natürlich in der eigenen Wohnung, trainieren. Angenehmer Nebeneffekt ist, dass man sich dazu die Anfahrtszeit zum Studio spart.

Von Anfang an war geplant, das Training online-basiert anzubieten und so machten sich die drei sehr zügig an die Umsetzung. Allerdings ging dabei nicht alles glatt und bald hatten sie kein Geld mehr. Sie hatten aber das Trainingsprogramm schon entwickelt und außerdem hatten sie inzwischen eine Mailingliste mit einer ganzen Reihe von Interessenten.

Sie standen also vor der Herausforderung, innerhalb kürzester Zeit profitabel werden zu müssen und das war mit der App erst einmal nicht zu schaffen. Die Lösung war einfach, gibt aber auch wieder eine Idee von den Möglichkeiten, die sich durch die Digitalisierung auftun. Die drei packten ihre Trainingsprogramme in ein E-Book und verkauften es online. Durch den Verkauf des E-Books kam Geld in die Kasse, das die drei Gründer sofort wieder investierten. Jetzt konnte zuerst die Web-Plattform und anschließend die App fertiggestellt werden. Der Rest ist Geschichte: im Jahr 2016, also vier Jahre nach Gründung machte das Unternehmen 16 Millionen Euro Umsatz. Für 2017 wurde die 20-Millionen-Grenze angepeilt. Wahrscheinlich wissen Sie längst, von welchem Unternehmen ich rede – freeletics. Drei junge Menschen, die tun, was ihnen Spaß macht, und dabei ein bestimmtes Problem lösen.

Sie wollen kein Unternehmen gründen? Auch okay. Dann denken Sie darüber nach, was Ihnen Spaß macht und/oder was Sie besonders gut können – es gibt jede Menge Plattformen, wo Sie diese Leistung anbieten können. Das fängt bei einfachen Dienstleistungen wie Putzen oder Babysitten an und hört bei Interimsmanagement und Ingenieursleistungen nicht auf. Sehen Sie sich doch einmal Plattformen wie upwork, myhammer oder freelancer an. Bei jeder dieser Plattformen können Sie ein Profil anlegen und Ihre Dienstleistung vermarkten. Das setzt natürlich voraus, dass Sie etwas zu vermarkten haben. Und wenn Sie nichts haben? Dann finden Sie heraus, wofür es einen Bedarf gibt und sorgen Sie dafür, dass Sie die notwendigen Kompetenzen erlangen, diesen Bedarf auch zu decken. Beispiel: Fragen Sie in Ihrem Freundeskreis herum, was die größeren und kleineren Probleme sind, mit denen sich Ihre Freunde so herumschlagen.

Wahrscheinlich hören Sie Dinge wie: »Ich habe keine Lust auf Hemdenbügeln« oder »Wir finden kaum qualifizierte Babysitter« oder »Mich nervt es, mit dem Auto zur Waschanlage zu fahren«. Wahrscheinlich hören Sie noch viel mehr, aber schon in jedem dieser drei Beispiele steckt eine potentielle Geschäftsidee. Sie könnten zum Beispiel den Service anbieten, einmal pro Woche das Auto Ihrer Kunden abzuholen und zu reinigen.

»Geht mit Sicherheit nicht«, sagen Sie? Haben Sie es probiert? Wissen Sie, welche behördlichen oder versicherungstechnischen Auflagen Sie beachten müssten? Haben Sie ansatzweise über eine Kalkulation nachgedacht? Wir haben noch nicht einmal ansatzweise die Informationen, die wir bräuchten, aber wir haben trotzdem schon mal eine Entscheidung getroffen. Und genau das funktioniert in der neuen Welt nicht mehr. Ich hatte weiter oben schon darüber gesprochen, dass wir eine experimentelle Grundhaltung brauchen. Wir brauchen ein »Lass es uns probieren«-Mindset. Und wie der Name schon sagt, geht es darum, die Dinge eben einfach erst einmal zu probieren. Im Falle unseres Autowaschservices wäre das ziemlich einfach: Formulieren Sie einen kleinen Werbetext und bauen Sie eine kleine Homepage. Beides können Sie ohne großen Aufwand und vor allem ohne Geldeinsatz selbst tun. Sie wissen nicht, wie das geht? Dann lernen Sie es! Schauen Sie sich auf YouTube ein Tutorial an, worauf Sie bei einer Webpage achten müssen. Suchen Sie sich einen der Provider, in Deutschland sind das zum Beispiel 1&1, strato, wix und noch zahllose andere. Die meisten dieser Provider bieten eine Art Homepagebaukasten, mit dem Sie schnell und einfach Ihre Page erstellen können. Jetzt allerdings müssen Sie tatsächlich etwas Geld einsetzen, Sie brauchen Werbung. Aber für die Testphase sind sicher nicht mehr als 100 Euro nötig. Sie haben zwei Möglichkeiten, entweder oldschool: Drucken Sie kleine Handzettel mit Ihrem Angebot und verteilen Sie die in den

Briefkästen Ihrer Nachbarschaft. Oder investieren Sie das Geld in eine Social-Media-Kampagne, z.B. auf Facebook. Entwickeln Sie eine Anzeige und schalten Sie diese Anzeige lokal, also im Umkreis von vielleicht fünf Kilometern und zielgruppenspezifisch. Als Zielgruppe für dieses Thema würde ich wahrscheinlich als Erstes Männer zwischen 35 und 50 mit höherem Einkommen definieren. Jetzt bauen Sie die Kampagne und legen Sie los. Sie wissen nicht, wie man eine Facebook-Kampagne anlegt? Dann lernen Sie es! Im Internet gibt es Hunderte Erklärungen und Tutorials dazu. Auf diese Art und Weise können Sie einfach und schnell Ideen testen. Wahrscheinlich werden Sie viele Ideen schnell wieder verwerfen, einfach weil Sie sich nicht lohnen oder (tatsächlich) unüberwindbare Hindernisse auftauchen. Aber Sie werden schnell ein Gefühl dafür bekommen, was geht und was nicht. Es gibt keine Entschuldigungen mehr. Sie könnten heute damit anfangen.

Das Gleiche können Sie natürlich im Business-to-Business-Kontext machen. Fragen Sie doch mal Ihre Kunden, was sie nervt oder was ihnen die Arbeit erleichtern würde. Auch hier wette ich, dass Sie schnell eine ganze Latte von Ansätzen hätten – Sie müssten nur noch beginnen, sie umzusetzen.

Ja, wir werden die Sicherheit verlieren, die uns immer so wichtig war. Der sichere Arbeitsplatz, die Absicherung durch Sozialsysteme, all diese Sicherheiten werden verschwinden oder zumindest stark reduziert werden. Wer in Zukunft auf Sicherheit baut, ist verloren. Im Gegenzug erschließen sich unendlich viele neue Möglichkeiten. Meine Beispiele oben waren nur ein winziger Anfang. Es gibt aberwitzig viele Möglichkeiten, aber praktisch keine Gründe mehr, nicht ein paar davon auszuprobieren. Die Investitionshürde ist gefallen. Sie müssen nicht mehr Tausende oder gar Hunderttausende investieren, bevor Sie loslegen können. Die Knowhow-Hürde ist gefallen. Sie können etwas nicht? Dann lernen Sie es! Es gibt im Internet zu jedem Thema Hunderte von Tutorials und Lehrvideos. Sie können sich jede Kompetenz, die Sie brauchen, kostenlos aneignen. Und zwar immer und egal, wo Sie sind. Sogar die Kundenhürde ist gefallen. Sie können Werbung im Internet so zielgruppengenau erstellen, dass Sie wirklich nur Ihre absolute Kernzielgruppe erreichen. Sie müssen nur Ihre Hausaufgaben machen. Es gibt keine Entschuldigungen!

Adieu, Perfektion!

Das, was uns abhält, ist entweder Bequemlichkeit oder Angst. Über beides haben wir in diesem Buch schon ausführlich gesprochen. Angst, Bequemlichkeit und das Streben nach Sicherheit werden das Sterbezimmer des digitalen Zeitalters sein. Daneben gibt es aber noch einen Faktor, mit dem wir uns selbst im Wege stehen: Perfektionismus. Die meisten guten Ideen scheitern daran, dass sie schlicht zu spät umgesetzt werden. Wir arbeiten, tüfteln und verbessern so lange, bis der Markt eine Wettbewerbslösung hervorgebracht hat. Oder wir hätten eigentlich eine gute Idee, trauen uns aber nicht, diese anzugehen. Wir meinen, wir wären nicht gut genug, oder hätten nicht ausreichend Expertise und Erfahrung. Auf diese Grundeinstellung sind wir schließlich Jahre und Jahrzehnte konditioniert worden. Unser gesamtes Schulsystem, aber auch Kollegen mit Sprüchen wie »Wie kommt der dazu, über dieses Thema zu reden« sind an dieser Situation schuld.

Und genau diese Angst und diese Unsicherheiten müssen wir überwinden, denn dafür ist in der digitalen Welt kein Platz mehr. Wir müssen ausprobieren. Ein Test im Markt zeigt sehr schnell und ohne echtes Risiko, wo die Schwachstellen einer Idee liegen. Freeletics ist mit einem E-Book an den Start gegangen, weil das Programm schlicht noch nicht fertig war. Die haben sich einfach getraut, mit einer massiv abgespeckten Lösung an den Start zu gehen. Für diese abgespeckten Varianten gibt es sogar ein Fachwort:

Minimum Viable Product

Dieser Begriff meint das mindeste überlebensfähige Produkt, im Falle von Freeletics war es das E-Book. Wollten die Freeletics-Gründer mit einem E-Book an den Markt? Nein, aber das angestrebte Produkt war schlicht noch nicht fertig und so nahmen sie eben die kleinste und abgespeckteste Variante ihrer Idee, die irgendwie als Produkt noch sinnvoll war, und gingen damit hinaus. Natürlich dürfen Sie sich nach so einem Start nicht auf Lorbeeren ausruhen – ein Großteil der Arbeit liegt noch vor Ihnen. Aber der riesige Vorteil dieser Vorgehensweise ist, dass Sie jetzt schon Reaktionen des Marktes auf Ihre Idee bekommen. Sie können anhand dieser Reaktionen viel genauer abschätzen, wo Ihre Stärken sind, aber auch, an welchen Stellen Sie nacharbeiten müssen. Davon, dass Sie mitbekommen, was Ihre Kunden wollen, einmal abgesehen.

Ich spreche immer von Produkt oder Dienstleistung – das gilt jedoch genauso für Sie als Persönlichkeit. Egal, was Sie anstreben, wenn Sie warten, bis Sie bei 100 Prozent sind, werden Sie zu spät sein. Adaptieren und übertragen Sie das Minimal-viable-Product-Konzept auf Ihren Alltag oder auf das, was Sie vorhaben. Welche Form von Prototyp könnten Sie sich vorstellen? Das, was wir in Zukunft brauchen, ist Agilität, und das Konzept des MVP ist ein exzellentes Element agilen Arbeitens.

Es gibt keine Entschuldigungen mehr! Wir haben alle Ressourcen, die wir brauchen, um auch in einer durch Digitalisierung und künstliche Intelligenz veränderten

Arbeitswelt erfolgreich zu bestehen. Niemand sagt, dass es leicht wird – aber das war letztlich schon immer so. Wenn Sie sich also in Zukunft etwas sagen hören wie: »Ich kann nichts machen« oder »Das geht nicht, weil ...«, denken Sie an »*No Excuses!*«. Drehen Sie die Aussage um: Was hindert Sie? Was hält Sie davon ab, das zu tun, was gerade in Ihrem Kopf ist? Wenn Sie auf Schwierigkeiten oder Probleme stoßen, die Ihnen im Weg stehen, denken Sie daran, dass ein Problem immer auch ein Ziel ist, es steht nur auf dem Kopf. Gehen Sie an das Problem genauso heran, wie an das gesamte Thema. Überlegen Sie: Was können Sie tun, um das Problem zu lösen? Wie können Sie testen? Was wäre ein Minimal Viable Product, mit dem Sie das Problem zumindest eindämmen könnten?

No Excuses – fangen Sie an – Jetzt!

Anmerkungen

1. http://www.bbc.com/news/technology-41885427
2. https://www.welt.de/wirtschaft/article133640605/Der-chinesische-R2D2-kocht-und-serviert-das-Essen.html
3. https://www.youtube.com/watch?v=QDprrrEdomM

Literatur

Peter Brandl: Crash-Kommunikation. Warum Piloten versagen und Manager Fehler machen. Gabal 2018
Peter Brandl: Hudson River – Die Kunst, schwere Entscheidungen zu treffen. Gabal 2013
Peter Brandl: Kommunikation. Gabal 2015
Clayton M. Christensen: Innovator's Dilemma. Vahlen 2011
Markus Hengstschläger: Die Durchschnittsfalle. Ecowin 2017
Daniel Kahneman: Schnelles Denken, langsames Denken. Penguin 2016
Christoph Keese: Silicon Valley. Penguin 2017
Katja Porsch: Verkaufsprofiling. Wie Sie Ihre Kunden lesen und lenken. Gabal 2015
Katja Porsch: Wenn das Leben dir in den Hintern tritt, tritt zurück. Goldegg 2016